航天科技"总师型"人才培养系列教材

非光滑随机动力学的 GCM 方法及其应用

宁 昕 马世超 王 亮 著

科 学 出 版 社

北 京

内 容 简 介

本书以实际工程问题为背景，结合作者的研究成果，详细介绍典型非光滑系统的随机动力学，主要介绍摩擦和碰撞等典型非光滑系统在不同类型噪声激励下的随机动力学行为。本书旨在建立和发展一套高效快速的非光滑系统随机动力学的数值分析方法，突出这类系统的非光滑特性，阐明随机噪声的作用机理，为实际工程问题提供一定的解决思路。

本书可供高等院校飞行器设计、力学、数学、机械等专业的研究生、教师参考使用，也可供相关领域的工程技术人员阅读。

图书在版编目（CIP）数据

非光滑随机动力学的 GCM 方法及其应用 / 宁昕，马世超，王亮著. —北京：科学出版社，2024.6
航天科技"总师型"人才培养系列教材
ISBN 978-7-03-077865-9

Ⅰ. ①非…　Ⅱ. ①宁…　②马…　③王…　Ⅲ. ①随机变量 – 动力学 – 教材　Ⅳ. ①O313

中国国家版本馆 CIP 数据核字（2024）第 024001 号

责任编辑：宋无汗 / 责任校对：崔向琳
责任印制：徐晓晨 / 封面设计：陈　敬

科学出版社 出版
北京东黄城根北街 16 号
邮政编码：100717
http://www.sciencep.com

北京中石油彩色印刷有限责任公司印刷
科学出版社发行　各地新华书店经销
*
2024 年 6 月第 一 版　开本：787×1092　1/16
2024 年 6 月第一次印刷　印张：9
字数：213 000

定价：80.00 元
（如有印装质量问题，我社负责调换）

丛书编委会

主　　编：岳晓奎

编　　委：孟中杰　秦　飞　宁　昕　校金友　魏祥庚

　　　　　郭建国　闫晓东　凡永华　吕梅柏　代洪华

　　　　　严启龙　刘　磊

前　言

非线性问题在航空航天工程中难以避免，因此，从基础理论出发，研究由实际工程简化出来的非线性系统的动力学问题具有现实意义。

非线性系统，可以划分为光滑系统和非光滑系统。其中，包括间隙、碰撞、冲击、干摩擦、开关等大量非光滑因素在内的非光滑系统广泛存在于工程实际中。例如，简单到弹簧小球的碰撞，复杂到航天器的对接，微小到粒子的碰撞结合，庞大到天体的碰撞湮灭。再例如，汽车的防撞测试，高速列车车轮与铁轨的碰撞摩擦，各类压力安全阀的泄压碰撞等都涉及非光滑因素。这些非光滑系统常常表现出比光滑系统更为复杂、新颖的动力学现象。然而，在数学意义上，非光滑因素通常表现出状态空间和雅可比矩阵不连续的特点，这使得常规的非线性动力学理论与方法对这类非光滑系统不再适用，需要建立新的理论框架与方法。另外，环境中的随机激励对机械工程的影响不可避免。将随机激励利用概率和统计方式描述为随机过程或者随机变量并附加到非光滑系统中，不仅能够更加准确地刻画实际情况，同时也能反映非光滑模型的随机动力学特性，如随机分岔、首次穿越等影响稳定性和可靠性的复杂动力学行为。近年来，随着相关理论和计算机技术的发展，非光滑随机动力学受到了学者们的广泛关注，大量的研究成果促进了人类社会和科学技术的不断发展。非光滑随机动力学的研究方法，可以分为解析方法和数值方法。解析方法通常是求解系统响应对应的 Fokker-Planck-Kolmogorov(FPK)方程，但很少有系统可以得到精确的解析解，而相较于解析方法，数值方法计算响应更为方便，更符合实际工程的需求。特别是广义胞映射(GCM)方法在光滑系统的应用，为非光滑系统的数值方法分析提供了很好的借鉴。因此，基于作者多年研究，本书主要介绍随机激励下几类典型非光滑随机动力学的 GCM 方法及其应用，希望对进入非光滑随机动力学领域的学者起到抛砖引玉的作用。

本书以几类典型非光滑振子为研究对象，开展噪声激励下系统概率密度响应研究，建立和发展一套求解非光滑系统随机响应的数值方法，并分析系统参数对非光滑系统稳定性的影响，阐明噪声对系统动力学的作用机理。全书共 6 章内容：第 1 章介绍非光滑随机动力学的研究意义，提出本书的研究目的；第 2 章介绍非光滑随机动力系统的相关基础知识，阐述非光滑因素的相关概念和研究方法，论述随机动力学分析的主要方法，介绍 GCM 方法实现过程；第 3~5 章提出基于 GCM 方法的摩擦因素和碰撞因素作用下非光滑动力系统随机响应的求解方法，并利用简单算例进行有效性分析；第 6 章运用本书所提方法，以专题的形式分析工程中几个非光滑振子的随机动力学，并进一步验证本书所提方法的适用性和可行性。

感谢张锦绣教授、贾万涛副教授、韩平博士、张云天博士在研究中给予的帮助和支持；感谢申媛媛老师、陈斯莹博士、朱远博士、张晋瑜博士在本书校对过程中提供的帮助和支持。本书出版得到了西北工业大学教材建设项目的支持，在此表示诚挚的感谢。

由于作者的专业知识有限，书中难免存在不足之处，恳请专家和学者批评指正，在此表示衷心的感谢。

作　者

2024 年 5 月 17 日

目　　录

第 1 章

绪　论

随着自然科学和社会科学的发展，人们发现非线性系统几乎存在于各个领域，如天气预报、证券市场、桥梁设计、地震救灾、细胞癌变等。非线性系统所包含的混沌、分岔、分形等现象值得人们探索[1-9]。

非线性系统按照研究对象可以分为光滑系统和非光滑系统。非光滑系统尤为复杂，它具有光滑系统不存在的一些动力学特性，对其研究有重要的现实意义[10]。非光滑因素主要是由约束条件、状态空间、耦合关系等决定的[11-14]。常见的非光滑因素包括接触碰撞、各类摩擦、脉冲、迟滞、间隙等[15]。这些非光滑因素广泛地出现在金融经济、机械、土木、海洋工程、航空航天等学科和领域中[16-21]。它们既可以产生许多积极作用，促进技术的发展，也会产生众多不良效果，造成财力、人力的消耗。在航空航天工程中，机翼受到的阵风颤振[22-28]、在轨航天器之间对接引起的碰撞[29-32]、空间可展机构之间存在的间隙和摩擦[15-33]等问题同样值得关注和研究。非光滑因素的客观存在，常常会加速机械机构的损耗。例如，图 1-1 展示了在轨捕获非合作目标过程。在捕获过程中，对于航天器可展机构，间隙、碰撞、摩擦等非光滑因素的存在使得实际运动会与理想状态造成偏差，从而在机构操作过程中造成结构振动和变形，严重影响后续航天器姿态运动和整体稳定性。除此以外，这些非光滑因素还可能导致航天器结构失稳、帆板无法正常展开等问题[34]。因此，在飞行器结构设计阶段，需要利用理论和数值计算分析简化的非光滑振子的响应，并分析非光滑因素表现出来的非线性系统的动力学特性，从而为后续的飞行器试验和装配提供定性或者定量的结论。由此，研究非光滑振子表现出来的动力学现象的本质对飞行器结构的安全性、可靠性具有重要的现实意义。

非光滑因素简化的非线性系统由于状态空间或向量场的间断性或不可微性，通常具有奇异性和强非线性等特点[12]。机械工程中的结构多处于复杂的工作环境，因此随机激励带来的影响不可避免。将随机激励利用概率和统计方式描述为随机过程或者随机变量附加到确定性系统中，极大地丰富了非线性系统的动力学行为，从而衍生出随机分岔、随机稳定性、可靠性分析等理论和方法[35-37]。当随机因素与非光滑因素共存时，系统常常能诱导出许多复杂的现象，包括噪声诱导同步、首次穿越问题等。非光滑随机系统动力学研究各类非光滑系统在各种随机激励下的动态行为，具体包括随机响应分析、随机稳定性和可靠性分析。随机响应分析是随机动力学的基本问题，旨在寻求随机激励下系

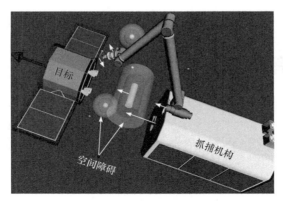

图 1-1　在轨捕获非合作目标过程

统响应的预测技术，主要关注概率密度响应函数和响应的数字特征。利用理论和数值方法对非光滑随机系统的动力学响应问题进行分析具有重要的研究意义。学者们主要应用近似变换方式将非光滑系统转换为光滑系统，从而利用光滑系统的分析手段进行随机响应分析，取得了很多有效的成果[38-40]。但这种近似破坏了系统原有的非光滑特性，特别是在利用很多光滑理论分析手段的同时，限制了系统部分参数的适用范围，并不符合实际应用。相比于解析方法，数值方法计算响应更为方便，更符合实际工程的需求。因此，有必要提出和改进新的数值分析框架和方法，来研究非光滑随机系统的复杂动力学行为。

综上所述，通过对有随机激励的非光滑系统的研究，可以更加深入地认识系统的非光滑本质。由于这类系统的复杂性，关于这方面的研究一直是新颖而又富有创新挑战性的课题，同时又具有很强的现实意义。

本书的具体内容安排如下：

第 1 章为绪论，概述工程中存在的非光滑现象和随机激励，阐明了非光滑随机动力学的研究意义和研究价值。

第 2 章介绍非光滑因素的主要类型和基本概念，分析几类非光滑因素的发展和研究现状。进一步论述随机动力学分析的主要方法和手段，讨论目前求解包括非光滑振子随机响应存在的问题，提出本书的研究目的。

第 3 章运用广义胞映射(generalized cell mapping，GCM)方法研究噪声激励下结构中存在的摩擦振子瞬态概率密度响应和稳态概率密度响应。在没有近似变换的基础上，通过建立离散状态空间，构建一步转移概率，得到系统在任意次转移时间后的瞬态响应和稳态响应。分别利用 Coulomb 摩擦模型和 Dahl 摩擦模型分析系统参数变化对概率密度响应的影响，讨论参数诱导下出现的随机 P 分岔现象。通过与蒙特卡洛(Monte Carlo，MC)模拟结果的对比，说明 GCM 方法的准确性和计算时间的高效性。

第 4 章研究随机噪声扰动下弹性碰撞振子的稳态概率密度响应。结合 GCM 方法，针对外部谐和激励和随机激励共同作用的弹性碰撞系统，提出将时间变量 t 视为状态变量，在不改变非光滑特性的基础上，利用 GCM 思路研究系统的稳态概率密度响应。根据对应的确定性系统全局特性图像，分析参数小范围变化时，系统随机 P 分岔与吸引子、混沌鞍之间的关联。

第 5 章针对强非光滑性的单边和双边刚性碰撞振子，提出计算稳态概率密度响应的新方法。在不利用非光滑变换的前提下，为了保证状态空间的连续性，基于 GCM 理论，对于单边刚性碰撞，提出了在单边接触面上划分胞状态空间，构建了从接触面出发再次回到接触面的一步转移时长，并以此来建立一步转移概率矩阵，从而利用马尔可夫理论得到接触面上的瞬态响应和稳态响应。结合该方法，分别利用高斯白噪声和泊松白噪声激励下的两个单边刚性碰撞振子验证了方法的可行性和高效性。对于双边碰撞，利用双边接触面，构建一个从一侧接触面出发，直到再次回到该接触面的完整映射过程作为一步转移过程，提出在一侧接触面建立离散状态空间，根据马尔可夫理论，可以得到任意次映射过程后在接触面上的随机响应。利用双边刚性碰撞振子，分别考虑了样本轨迹从左右两侧接触面出发得到的响应、不同接触距离、不同噪声类型和不同恢复系数下方法的有效性。

第 6 章以专题的形式分析几个非光滑振子的随机动力学特性。其中，专题一以飞行器机电结构中的 Rayleigh-Duffing 振子为例，考虑其同时受到 Coulomb 摩擦力和弹性碰撞的作用。利用第 3 章和第 4 章提出的摩擦系统和弹性系统响应计算方法，分别考虑自治系统和非自治系统的情形，研究非线性参数和谐和激励振幅对系统稳态响应的影响，分析 Coulomb 摩擦力和弹性碰撞对系统稳定态的作用机理，发现了系统存在的随机 P 分岔现象。专题二介绍一个三维液压安全阀单边碰撞模型，利用第 5 章提出的 GCM 单边刚性碰撞随机响应求解新方法，研究三维碰撞振动系统在高斯白噪声激励下的概率密度函数响应。同样，将该方法与 MC 模拟结果进行分析比较，证明该方法具有广泛的适用性。通过对系统参数的改变，发现该三维液压安全阀系统存在的复杂随机动力学行为。最后，专题三以飞行器上的一个含双边碰撞压电能量采集装置为例。利用第 4 章和第 5 章提出的弹性碰撞和双边刚性碰撞响应计算方法，分别分析弹性碰撞和刚性碰撞情况下部分系统参数对速度、位移和输出电压概率密度响应的演化影响，发现部分参数可能会诱导系统出现随机 P 分岔现象，同样进一步地验证前文所提出的方法具有广泛的适用性和可行性。

参 考 文 献

[1] STEVEN H S. Nonlinear Dynamics and Chaos[M]. Boulder: Westview Press, 2001.

[2] EDWARD O. Chaos in Dynamical Systems[M]. London: Cambridge University Press, 2002.

[3] 刘秉正, 彭建华.非线性动力学[M]. 北京: 高等教育出版社, 2004.

[4] 傅希林, 闫宝强, 刘衍胜.脉冲微分系统引论[M]. 北京: 科学出版社, 2004.

[5] 沈聚敏.抗震工程学[M]. 北京: 中国建筑工业出版社, 2000.

[6] 王青云, 石霞, 陆启韶.神经元耦合系统的同步动力学[M]. 北京: 科学出版社, 2008.

[7] 陆启韶, 彭临平, 杨卓琴.常微分方程与动力系统[M]. 北京: 北京航空航天大学出版社, 2010.

[8] 刘曾荣, 王瑞琦, 杨凌, 等.生物分子网络的构建与分析[M]. 北京: 科学出版社, 2012.

[9] 徐伟.非线性随机动力学的若干数值方法及应用[M]. 北京: 科学出版社, 2013.

[10] 王亮.非光滑动力系统响应及其混沌控制研究[D]. 西安: 西北工业大学, 2009.

[11] PANAGIOTOPOULOS P D, TZAFEROPOULOS M A.On the numerical treatment of nonconvexenergy problems: Multilevel decomposition methods for hemivariational inequalities[J].Computer Methods in Applied

Mechanics and Engineering, 1995, 123:81-94.

[12] 富立.非光滑多体系统动力学 LCP 方法[M]. 北京: 清华大学出版社, 2016.

[13] BERNARDO M, BUDD C J, CHAMPNEYS A R,et al. Bifurcations in nonsmooth dynamical systems[J].SIAM Reviews, 2008, 50:629-701.

[14] 张思进.机械碰撞运动中的非光滑动力学[M]. 长沙: 湖南大学出版社, 2008.

[15] 曹登庆, 初世明, 李郑发, 等. 空间可展机构非光滑力学模型和动力学研究[J]. 力学学报, 2013, 45(1):3-15.

[16] YANG T.Impulsive Control Theory[M]. Berlin: Springer, 2001.

[17] 金栋平, 胡海岩.碰撞振动与控制[M]. 北京: 科学出版社, 2005.

[18] CSABA B, CHAMPNEYS A R, CSABA H J.Bifurcation analysis of a simplified model of a pressure relief valve attached to a pipe[J].SIAM Journal on Applied Dynamical Systems, 2014, 13(2): 704-721.

[19] ZHANG J, GDAIDAI O, GUI B,et al.Influence of the vibroimpact interaction on sloshing dynamics in a rectangular tank[J].Ocean Engineering, 2020, 217:107821.

[20] FANG S T, WANG S, ZHOU S X,et al.Exploiting the advantages of the centrifugal softening effect in rotational impact energy harvesting[J]. Applied Physics Letters, 2020, 116(6):063903.

[21] 黄文虎, 夏松波, 焦映厚.旋转机械非线性动力学设计基础理论与方法[M]. 北京: 科学出版社, 2007.

[22] 代洪华. 非线性气动弹性系统求解方法及复杂响应研究[D]. 西安: 西北工业大学, 2014.

[23] MONFARED Z, AFSHARNEZHAD Z, ESFAHANI J A. Flutter, limit cycle oscillation, bifurcation and stability regions of an airfoil with discontinuous freeplay nonlinearity[J]. Nonlinear Dynamics, 2017, 90: 1965-1986.

[24] VASCONCELLOS R, ABDELKEFI A, HAJJ M R,et al. Grazing bifurcation in aeroelastic systems with freeplay nonlinearity[J]. Communications in Nonlinear Science and Numerical Simulation, 2014, 19(5): 1611-1625.

[25] CANDON M, CARRESE R, OGAWA H,et al. Identification of freeplay and aerodynamic nonlinearities in a 2D aerofoil system with via higher-order spectra[J]. Aeronautical Journal, 2017, 121(1244): 1-31.

[26] PEREIRA D A, VASCONCELLOS R M G, HAJJ M R,et al. Effects of combined hardening and free-play nonlinearities on the response of a typical aeroelastic section[J]. Aerospace Science and Technology, 2016, 50: 44-54.

[27] SALES T P, PEREIRA D A, MARQUES F,et al. Modeling and dynamic characterization of nonlinear non-smooth aeroviscoelastic systems[J]. Mechanical Systems and Signal Processing, 2018, 116(1): 900-915.

[28] MAIR C, TITURUS B, REZGUI D.Stability analysis of whirl flutter in rotor-nacelle systems with freeplay nonlinearity[J]. Nonlinear Dynamics, 2021, 104(1): 65-89.

[29] 黄文虎, 曹登庆, 韩增尧. 航天器动力学与控制的研究进展与展望[J]. 力学进展, 2012, 42(4): 367-395.

[30] LIU Y, CHEN J, LIU J,et al. Nonlinear mechanics of flexible cables in space robotic arms subject to complex physical environment[J]. Nonlinear Dynamics, 2018, 94: 649-667.

[31] DAI H H, JING X J, WANG Y,et al. Accurate modeling and analysis of a bio-inspired isolation system: With application to on-orbit capture[J]. Mechanical Systems and Signal Processing, 2018, 109: 111-133.

[32] PENG Q, LIU X M, WEI Y G. Elastic impact of sphere on large plate[J]. Journal of the Mechanics and Physics of Solids, 2021, 156: 104604.

[33] WEI C, LIU T X, YANG Z. Grasping strategy in space robot capturing floating target[J]. Chinese Journal of Aeronautics, 2010, 23: 591-598.

[34] 吴德隆, 李海阳, 彭伟斌. 空间站大型伸展机构的运动稳定性分析[J]. 宇航学报, 2002, 23(6): 98-102.

[35] 李杰, 陈建兵, 彭勇波. 随机振动理论与应用新进展[M]. 上海: 同济大学出版社, 2009.

[36] 段金桥. 随机动力系统导论[M]. 北京: 科学出版社, 2015.

[37] 赵玫. 机械振动与噪声学[M]. 北京: 科学出版社, 2004.

[38] 杨贵东. 一类典型碰撞振动系统的随机动力学研究[D]. 西安: 西北工业大学, 2015.

[39] 田海勇. 非光滑随机系统的动力学研究[D]. 兰州: 兰州交通大学, 2009.

[40] XU W, WANG L, FENG J Q,et al. Some new advance on the research of stochastic non-smooth systems[J]. Chinese Physics B, 2018, 27(11): 110503.

第 2 章

非光滑随机动力系统

2.1 引 言

前文已经介绍，非光滑动力系统广泛地存在于自然生活和实际工程中。在随机因素的影响下，非光滑随机动力系统会产生复杂的动力学行为，研究这些动力学行为可以更加深入地了解非光滑因素和随机因素对于系统的作用机理，有助于解决实际工程问题。本章首先介绍以摩擦和碰撞为代表的非光滑动力系统的基本概念和研究方法，详细阐述非光滑动力系统的研究发展历程。其次介绍随机动力学的一些基本概念，包括随机变量、随机过程、随机响应和随机分岔等内容，以及常见随机噪声激励的模拟过程。最后介绍本书使用的 GCM 方法基本实现过程，为后文的具体分析提供一定的理论基础。

2.2 非光滑动力系统的基本概念和研究方法

不同的非光滑因素会产生不同类型的非光滑动力系统，常见的类型有摩擦系统和接触碰撞系统。摩擦系统将摩擦力考虑成一个变量函数，即考虑质量块与接触面相对滑动时存在的黏着现象，此时的摩擦力便不再是常量[1]。对于接触碰撞系统，由于接触面的存在，振动系统会在一定时间内与接触面发生碰撞。依据接触面的特性，可以将这类系统分为弹性碰撞系统和刚性碰撞系统。弹性碰撞系统是指接触面具有弹性特征，因此这类系统会考虑碰撞过程中的形变时间，并且在碰撞过程中并没有能量的损失。当碰撞过程是一个瞬时状态时，系统是刚性碰撞系统。接触面被视为刚性面，碰撞过程中会发生能量的损失，这种损失关系用碰撞前后的速度变化来描述，并且速度的损失程度与接触面的设计材料有关。摩擦系统和弹性碰撞系统的状态空间是连续的，但雅可比矩阵不连续，因此具有一定的非光滑特性。刚性碰撞系统的状态空间和雅可比矩阵都不连续，是非光滑特性最强的一类系统[2]。非光滑动力系统近年来受到国内外学者的广泛关注和研究，形成了一些非光滑动力系统的理论和方法。下面将主要对摩擦、弹性碰撞和刚性碰撞产生的几类非光滑系统进行介绍和分析。

2.2.1　非光滑摩擦

　　固体的相对运动是一个不平衡的过程，在这个过程中，动能转化为不规则的微观运动能量。这种现象与能量(如热量)耗散有关，并导致接触体区域的摩擦和磨损。

　　摩擦过程发生在机械和机构的各种结合处，摩擦引起的振动常常会在设备中引起各种问题，对机械系统的效率产生负面影响[1, 3-5]。需要特别注意工程系统中有害的自激振动，这些振动与来自持续工作源的周期性能量供应有关，该能量供应由系统的运动通过反馈机制控制。这种关系导致调节装置与非线性振动系统相互作用，所以自激系统可以控制自身的能量平衡。因此，尽管存在不可避免的损耗，系统仍能表现出一些不消失的周期性振动。在一些极端情况下，它们可能破坏振动物体，如结构中的柔性连接器、弦或涂层周围旋转引起的振动(电线的振动或飞机机翼的"颤振")[6-7]。具有耦合运动的机械系统可能以消耗驱动系统的能量为代价产生自激振动。这种特性可能归因于"摆振"，会导致汽车前轮弯曲。在自然界中出现自激振动的典型例子是说话的声音和细树枝在风中发出的哨声。此外，引起诸如旧铰链吱吱作响或关节松动等声学现象的振动都与干摩擦的负面特性有关。摩擦体实际滑动速度突然变化引起的自激振动对运动流畅性的干扰称为黏滑(stick-slip)效应。在测量装置、精密工具和加工过程中经常可以观察到这种效应。

　　由于质量块与接触面之间存在复杂结构和磨损过程，因此用数学定性解释摩擦现象有许多困难。在几十年的发展过程中，学者们提出了多种经典的摩擦力模型，包括Coulomb 模型、Dahl 模型、LuGre 模型等[8-9]。

　　Coulomb 模型是最常见的摩擦力模型之一，摩擦力 F_C 与速度 y 的关系如图 2-1 所示，f_C 为 Coulomb 摩擦力的值。可以看出，用 Coulomb 定律描述的摩擦特性表明，无论是在纯滑移阶段，还是在黏滑阶段，质量块的运动都是稳定的。

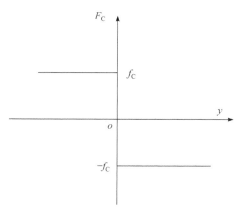

图 2-1　Coulomb 摩擦力性质

　　利用 Coulomb 模型，文献[10]展示了非光滑 Coulomb 摩擦系统存在的 n 周期解和混沌运动，研究了单自由度 Coulomb 摩擦系统在运动基座和谐和激励下的响应闭型解，并分析了摩擦力模型对响应的影响。近期，Riddoch 等[11]提出了一种不计算暂态相位而直接计算稳态响应的新方法，并利用该方法讨论了质量-弹簧摩擦振子的周期响应，给出了系统在共振区附近响应幅值的渐进解，描述了系统有限停留周期的行为。

进一步地，结合 Coulomb 摩擦力，Dahl[12]提出了微分形态的动摩擦模型，即 Dahl 模型，其可以表示为

$$\dot{F} = \sigma \left[1 - \frac{F}{F_C} \text{sgn}(y) \right]^{\alpha} y \tag{2-1}$$

式中，σ 为刚度系数；α 为应力-应变曲线确定的参数，通常取值为 1[13]。文献[14]提出了一种可大大缩短滚动轴承精密仪器沉降时间的非线性控制算法，其非线性积分增益采用 Dahl 模型的形式，并通过实验对 Dahl 模型中的初始接触刚度敏感性进行了研究，极大地提高了算法的稳定性。文献[15]则提出了一种基于总广义动量概念的虚拟传感器，用于估计无关节力矩传感器的机器人关节的 Dahl 摩擦力矩。为验证算法的有效性，通过平面二自由度机械臂仿真和单关节系统试验，说明虚拟传感器能够有效地估计关节摩擦扰动，提高控制器的轨迹跟踪性能。

在 Dahl 模型的基础上，结合鬃毛模型，Canudas 等[16]提出了 LuGre 模型，其摩擦力表示为

$$\begin{cases} \dot{z} = y - \dfrac{\lambda_0 |y|}{G(y)} z \\ f(y,z) = \lambda_0 z + \lambda_1 \dot{z} \end{cases} \tag{2-2}$$

式中，z 为内摩擦状态，表示鬃毛的平均挠度；λ_0 为总的鬃毛刚度；λ_1 为阻尼系数；函数 $G(y)$ 用来描述斯特里贝克效应：

$$G(y) = F_C + (F_S - F_C) \exp\left(-\frac{y}{y_s} \right)^2 \tag{2-3}$$

式中，F_C 为 Coulomb 摩擦；F_s 为黏着力；y_s 为斯特里贝克速度，用来计算函数 $G(y)$ 的速度。

LuGre 模型可以描述众多摩擦现象[9]。利用 LuGre 模型，Muvengei 等[17]研究了平面多体系统在转动间隙中存在黏滑摩擦时的动力响应，发现不同于静摩擦模型，在滑移速度为 0 时，有间隙的转动关节内的摩擦力没有间断。文献[18]提出了一种改进的 LuGre 模型，能够准确描述总体滑动状态下摩擦力的性质。数值分析表明，改进模型在总体滑动状态下既可以描述滑动域的顺时针滞回环，也可以描述滑动域的逆时针滞回环。除以上介绍的众多摩擦模型以外，学者们还提出了很多针对特定工程模型的摩擦力，极大地促进了摩擦非光滑动力学的发展[19]。

此外，随机扰动引起的不确定性增加了研究摩擦非光滑动力系统的复杂性。学者利用各种分析手段来获得摩擦系统的随机响应[16, 20-26]。例如，Feng[21]采用平均庞加莱映射建立了具有一个摩擦界面的随机系统的离散模型，证明了随机扰动会打破极限环，从而导致混沌。进一步地，Feng 还将该离散模型扩展到随机系统的两个或多个摩擦界面。文献[23]将摩擦系数视为随机参数，分析了一个传送带与质量块结合的机械系统的随机分岔行为。Baule 等[3]通过路径积分法研究了干摩擦系统在随机振动和外力作用下的黏滑运动。利

用 LuGre 模型，Jin 等[13]通过等效非线性方法求解随机高斯白噪声激励下的非光滑 Duffing 系统，得到了系统位移和速度的平稳概率密度的解析表达式。Wang 等[24]通过引入相关的广义谐波变换和准线性化技术，研究了具有 Dahl 摩擦力的 Duffing 系统的随机响应。

2.2.2　非光滑碰撞

碰撞振动系统一般分为刚性和弹性两类碰撞振动系统[27-28]。刚性碰撞振动系统将碰撞过程看成一个瞬态行为；弹性碰撞振动系统则主要考虑碰撞过程发生的形变和能量损失。碰撞振动系统的研究历史可以追溯到经典力学的发展。但碰撞振动系统特有的非光滑性和计算方法的局限性，导致其发展一直进展缓慢，学者们戏称其为"notorious"(臭名昭著的)[29]。

2.2.2.1　弹性碰撞

前文已经提及，弹性碰撞认为碰撞过程不是一个瞬时状态。因此，可以利用分段光滑方程来描述系统碰撞前和碰撞时的状态。其碰撞过程可以用基于 Hertz 接触理论的非线性弹簧阻尼接触力来描述，如图 2-2 所示[30-31]。图中，F_e 为弹性阻尼接触力，K 为接触刚度系数，C 为阻尼。

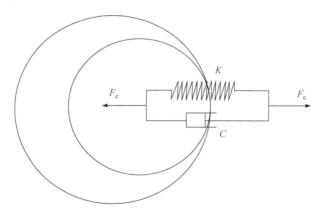

图 2-2　弹性碰撞系统的非线性弹簧阻尼接触力模型

基于完全弹性变形，Hertz 接触理论对弹性体接触问题给出了完备的分析模式，主要研究弹性体准静态接触问题。Hertz 接触力模型[32]可以用非线性弹簧来描述，其接触力公式为

$$F_e = K\delta^n \tag{2-4}$$

式中，δ 为弹性形变量；接触刚度系数 K 可以描述为

$$K = \frac{4}{3\pi(h_1 + h_2)} \sqrt{\frac{R_1 R_2}{R_1 + R_2}} \tag{2-5}$$

式中，$h_i = 1 - \dfrac{v_i^2}{\pi E_i}(i = 1, 2)$，$E_i$ 为两接触物体的弹性模量，v_i 为其泊松比；R_1、R_2 为两个物体接触处的局部曲率半径，且接触力与形变量呈非线性关系。

Hertz 接触力模型是基于纯弹性理论的，没有考虑接触碰撞过程中的能量损耗，所以不能反映含间隙铰接结构中接触碰撞过程的能量损失[33]。但是对于低速碰撞的非协调接触，却能较好地近似估计接触碰撞过程中的接触力。

为了解决含间隙铰链结构中接触碰撞引起的能量耗散问题，大多数的研究者通过引入描述碰撞过程中能量损失的阻尼项，进而得到碰撞力与嵌入量及接触点相对速度的关系。Dubowsky 等[34-35]基于 Hertz 定律，用线性弹簧和等效线性黏滞阻尼来表示平面转动副的接触力。Hunt 等[36]和 Herbert 等[37]认为，含间隙运动副中接触碰撞力应和相对位移的 z 次方成正比。非线性弹簧接触力模型被越来越多的学者认可。基于 Hertz 接触理论，Hunt 和 Crossley 提出了非线性弹簧阻尼模型，在接触碰撞开始时，Hunt-Crossley 模型[36]的碰撞力是连续的，并考虑了接触碰撞过程中的能量损失，其碰撞力与形变量的非线性关系为

$$F = K\delta^n + \eta\delta^n\dot{\delta} \tag{2-6}$$

式中，接触阻尼因子 η 与恢复系数有关；n 表示形变量的指数系数，根据不同的几何形状，n 取不同的值。

学者们对弹性碰撞系统进行了大量的研究[38-50]。胡海岩院士[38-39]利用增量谐波平衡法研究了弹性碰撞系统周期解的存在及其稳定性，取得了很多富有成效的结果。Blazejczyk[40]考虑了一个受摩擦力作用的含双边约束的弹性碰撞模型，研究了系统主要参数的微小变化对系统动力学的影响，特别是质量的变化如何反映系统的行为。在一定参数设置下，弹性碰撞系统可以产生混沌运动。Yue 等[44]开发了一种复合胞坐标系方法，分析了 Duffing-Van der Pol 弹性碰撞系统接触面刚度系数变化出现的各种激变现象。区别于光滑系统，弹性碰撞系统常常有着更丰富和独特的分岔现象，包括边界碰撞分岔、多吸引子分岔、擦边分岔等[45]。另外，为了避免擦边分岔引起的混沌响应，Liu 等[46]研究了基于线性增广的弹性碰撞系统中共存吸引子的控制问题，并详细分析了如何使用非光滑系统的路径跟踪技术来确定由控制信号和控制误差的暂态行为引起的能量消耗方面的最优控制参数，这可以广泛应用于工程问题中。

在实际的航天工程中，Moon 等[51]发现了含间隙碰撞的空间桁架结构的混沌振动。Bullock 等[52]通过实验证明：Hertz 定律可用于铰链结构，弹性接触力和摩擦力存在迟滞现象。Cyril 等[53]通过建立空间操作航天器机械臂捕获目标前后的动力学模型，研究了机械臂在捕获目标过程中的接触动力学，并计算了接触碰撞引起的广义速度的变化。阎绍泽等[54-55]对航天器中含间隙机构非线性动力学问题进行了综述，提出了有待解决的空间结构动力学关键问题。为了捕获空间非合作卫星，Yoshida 等[56]推导了漂浮空间机械臂系统之间的接触运动，并研究了其动力学条件。学者们设计了阻抗，用于控制机械手和目标之间的碰撞情况，并通过实验验证了阻抗匹配的概念，采用阻抗控制探头插入目标推力器的策略进行了卫星捕获操作。Dai 等[57]提出了求解非线性动力系统的高性能配点法，并利用其分析了含间隙的机翼颤振问题。此外，他和合作者还设计了一种新颖的仿生隔振器

结构模型，用于空间抓捕过程接触碰撞，如图 2-3 所示。他们分析了该模型的复杂响应机制，并通过与传统弹簧-质量-阻尼器系统的比较，验证了仿生隔振器的有效性[58]。

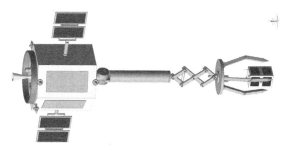

图 2-3　一种新颖的仿生隔振器[58]

当给弹性碰撞系统施加随机噪声时，系统变为随机激励的碰撞系统。对于这类系统，国内外学者也进行了很多工作。例如，Lin 等[59]提出了一种对接触碰撞系统的间隙估计方法来分析系统响应。文献[60]基于对问题的扰动分析和随机平均原理提出了一种近似方法。该方法通过用切比雪夫多项式逼近非线性恢复力获得的近似规则系统代替原系统，并为规则系统构造两个近似：一个用于流动，一个用于响应振幅的平稳分布，从而导出近似解析响应。冯进钤等[61]通过定义一个平均冲击振动庞加莱映射，讨论了随机碰撞振动系统的复杂非线性行为。利用拉盖尔多项式近似方法，Wang 等[62]推导了随机参数作用下弹性系统转化的等价确定性系统的响应，研究发现了当接触碰撞力的弹性刚度增大时，系统的动力学特征由混沌变为周期性，同时通过反倍周期分岔，提出了所有分岔点都是由随机因素引起的结论。基于 Hertz 接触模型，Jing 等[63]和 Huang 等[64]分别对白噪声激励下的单自由度和多自由度弹性碰撞系统进行了系统响应的求解。Gu 等[65]则考虑了一种胶囊模型在随机激励下的动力学行为。Lan 等[66]设计了一个带弹性碰撞的双稳态机电耦合系统，探讨了不同间隙对系统输出功率和响应特性的作用机理。Liu 等[67]利用基于广义调和函数的随机平均法，考虑了摩擦阻尼强非线性弹性碰撞振子在白噪声激励下的随机响应及其随机分岔。Wang 等[68]基于大偏差理论，通过渐近分析，导出了多激励作用下弹性碰撞振动系统的时变哈密顿方程。进一步地，通过算例讨论了每个吸引子的活化能和最可能的出口路径，并且发现了在吸引子附近存在瞬态混沌会严重影响吸引子的稳定性。

2.2.2.2　刚性碰撞

当碰撞接触面被认为是刚性体时，碰撞是刚性碰撞。其碰撞过程利用碰撞前后发生的速度跳变来刻画[69]，动力学方程可以表示为

$$\begin{cases} M\ddot{x} + C\dot{x} + Kx + g(x,\dot{x}) = F(t), & x_1 > \Delta \\ \dot{x}_{1+} = -r\dot{x}_{1-}, & x_1 = \Delta \end{cases} \tag{2-7}$$

式中，$x = (x_1, x_2, \cdots, x_n)$；$M$、$C$ 和 K 分别是质量矩阵、阻尼矩阵和刚度矩阵；$F(t)$ 是 n 维外部激励；Δ 是接触面之间的距离；$\dot{x}_{1+} = -r\dot{x}_{1-}$ 是刚性碰撞时系统出现的瞬时速度跳变；r 是恢复系数，其大小与刚性接触面材料有关。

刚性碰撞作为一类强非线性系统，其动力学行为相当复杂，包括了 Smale 马蹄现象、擦边分岔、余维分岔、Hopf 分岔等特征[70-76]。20 世纪 80 年代，Holmes[70]开始采用现代动力学理论，通过对小球模型的简化，用严谨的数学方法研究发现了小球模型中存在的 Smale 马蹄现象。同时期的 Shaw 等[77]通过中心流形定理分析了简谐激励下单侧约束的单自由度和多自由度振子的混沌行为。同时，Shaw 等[78]发现了该类系统的各类分岔和混沌现象，并且还发现碰撞振动系统中特有的一种性质，即擦边碰撞。但由于其具有强非光滑特性，很多方法难以直接应用，因此一些适用于此类系统的方法被学者们开发出来。例如，改进的 Mel'nikov 方法被用于讨论碰撞振动系统的混沌运动，学者们得到了许多富有成效的结果[79-82]。Nordmark 映射为解决碰撞振动系统响应分析提供了一个新的思路[83-86]。Luo 等[87-88]对单自由度和多自由度的系统进行了各种分岔现象的研究分析。金俐等[89]对碰撞振动系统的李雅普诺夫指数的计算和 Floquet 特征乘子的计算进行了探讨，得到了一些非常有意义的结论。Cao 等[90]提出了一类光滑不连续(SD)振子，研究了这类系统的响应、分岔和吸引子共存等现象。Wang 等[91-92]将脉冲控制理论运用到刚性碰撞的混沌控制中，通过数值分析证明了该理论可以把系统的混沌运动控制到周期运动。

对于动力学行为更加丰富的多自由度碰撞振动系统和双边约束，学者们通过共同努力，也取得了一些进展。多自由度系统涉及多体动力学，在许多工程中有着实际意义[93-94]。Xie 等[95]详细研究了工程模型简化的多自由度碰撞振动系统存在的环面分岔和混沌现象。Fritzkowski 等[96]则研究了多体动力学碰撞系统的李雅普诺夫指数和稳定性。Champneys 等[97-98]对各种液压阀进行了多自由度碰撞振动的分析，包括 Hopf 分岔、擦边分岔和颤振现象，获得了很多有趣的结果。双边约束指的是振子会与两侧刚性约束面发生接触碰撞。Wagg[99]考虑一个双自由度碰撞振荡器在双边约束的情况下，其黏滞解中出现的上升现象。Wen 等[100-101]采用多自由度胞映射方法，发现在双边约束的一个运动小车系统中，最大李雅普诺夫指数存在一种特殊的不连续分岔现象。另外，他们发现周期解通过擦边分岔可以直接跃迁到拟周期吸引子中[102-103]。文献[104]设计了一种基于振动和碰撞的具有双边约束的自移动设备。他们建立了一个由周期脉冲力激发的双向碰撞振子的数学模型，详细研究了该模型的合适运行参数，通过相关实验装置验证了所提出的设计。第 1 章中文献[9]对船舶与浮冰之间可能发生碰撞相互作用的现实情境进行模拟，利用五自由度振子系统模拟了不同晃动响应模式下的液体在含双边约束的矩形储罐内的行为，并且提出了一种采用柔性垂直方向挡板的晃动抑制策略。Serdukova 等[105-106]研究了斜式双边碰撞振动能量采集器底部和顶部碰撞次数不对称时的运动特性，分别得到了以 2:1 为比例的非对称周期运动对器件底部和顶部冲击的半解析表达式。飞行器结构振动的存在常常会导致碰撞过程的发生，Vijayan 等[107]利用飞行器噪声等宽带激励，研究了一个具有双对称碰撞梁的非线性能量采集器动力学响应。对这类确定性双边约束系统的其他研究，可以参见文献[108]~[111]。

对于有随机激励的刚性碰撞振动系统，由于系统具有不连续的特点，其动力学行为非常复杂，这类系统常常难以处理，因此需要借助近似变换工具将其转化为光滑系统后，再利用光滑系统的处理方式进行随机分析。最常用的方式是非光滑变换(non-smooth transformation)[112]。通过引入状态变量：

$$x = |y|, \quad \dot{x} = \dot{y}\,\mathrm{sgn}(y) \tag{2-8}$$

并将式(2-8)代入方程(2-7)，从而速度跳变过程被看作一个脉冲项，得到变换后的近似方程：

$$M\ddot{y} + C\dot{y} + Ky + g(y,\dot{y}) - (r-1)\dot{y}|y|\delta(y) = F(t) \tag{2-9}$$

式中，$(r-1)\dot{y}|y|\delta(y)$ 被视为脉冲阻尼项，用来刻画碰撞过程的能量损失。通过这种近似变换，碰撞过程消失，非光滑系统被转换为光滑系统，进而学者们利用随机平均法、指数多项式闭合(EPC)方法、能量包络法、路径积分法、有限元方法等研究了随机碰撞振动系统的响应过程[113-122]。吴禹[113]利用随机平均理论通过求解随机系统的 Fokker-Planck-Kolmogorov(FPK)方程，分析了此类系统的多个概率密度响应。Zhu[115-116]将 EPC 方法运用到变换后的近似系统中，得到了很多结果。Kumar 等通过非光滑变换将一个双边约束碰撞系统映射到连续相平面上，利用有限元方法得到响应的平稳概率密度函数。文献[117]和[118]的作者还通过随机 D 分岔和随机 P 分岔研究了该系统的稳定性。最近，Chen 等[119-120]采用近似变换将碰撞运动方程转换为连续形式，然后通过求解简化后的 FPK 方程，利用加权残差迭代法，结合循环概率流和潜在概率流的概念，得到响应的闭合平稳概率分布，并结合单边、双边高斯白噪声激励下的单自由度碰撞振动系统，验证了该方法的准确性。Han 等[121]同样在得到无速度跳变后的近似系统前提下，结合 FPK 方程和极值理论，得到了碰撞振动系统最大可能性响应。文献[121]的作者利用数据驱动理论，从新的角度定性地研究了随机碰撞系统的随机 P 分岔行为。Su 等[122]将一个光滑能量采集系统改进设计成为一个双边刚性碰撞系统，结合非光滑变换，利用随机能量包络法研究了噪声强度对系统的响应。Fang 等[123]利用切比雪夫正交多项式逼近法将随机系统近似成确定性系统，研究了随机 Duffing 系统的响应、分岔和混沌现象。这一方法被马少娟、孙晓娟等运用到随机参数作用下的 Van der Pol、Duffing 等系统的分岔、混沌和控制与同步等问题的讨论中[124-125]。另外，杨贵东[126]、李超[127]还分别考虑了各种噪声激励下强非线性碰撞振动系统的随机响应和随机分岔。Ren 等[128]提出了一种基于高斯闭包方法和矩函数局部逼近的改进路径积分法分析近似变换后的碰撞振动系统，利用船舶摇摆模型分析了平均首次通过时间和可靠性函数。

2.2.3　非光滑动力系统的研究方法

　　类似于光滑动力系统，对非光滑动力系统的研究方法总体上分为解析方法和数值方法，然而，实际应用中常常是将两种方法综合使用。由于非光滑动力系统本身的复杂性，对于它的研究还没有一种完全适用的解析方法，如光滑系统中经常使用的 Mel'nikov 方法和 Shilnikov 方法等[129-130]，都是不能直接应用于非光滑动力系统的，因而，数值方法在非光滑动力系统的研究中具有重要的地位。类似于光滑动力系统，对于非光滑动力系统而言，一般的数值方法有相轨线图、时间历程图、庞加莱(Poincaré)截面、李雅普诺夫指数等。其中相轨线图和时间历程图与光滑动力系统的做法是比较类似的，这里不再赘述，主要介绍 Poincaré 截面和李雅普诺夫指数方法。

　　Poincaré 截面是指低于系统相空间维数的一个超截面，当系统的轨道穿过该截面时，记下其与截面交点的位置，然后观察这些交点的分布情况。它把对连续曲线(相轨道)的

研究简化为对点的集合的研究，相当于对系统的全部运动过程进行不连续的抽样检验，从而简化了对系统运动行为的判定工作。对于非光滑动力系统，常用的 Poincaré 截面有两种取法[2]：一种是取定相位面为 Poincaré 截面，这和光滑动力系统是类似的，即取 $\Phi = \{x, \dot{x}, t \,|\, t = \mathrm{mod}(2\pi/\omega)\}$，其中 ω 是系统周期外部激励的频率，这种 Poincaré 截面可以用来研究非光滑动力系统关于激励周期的周期性，但是掩盖了非光滑动力系统本身的特征；另外一种是取分界面为 Poincaré 截面，即取 $\Phi = \Sigma = \{x, \dot{x}, t \,|\, x = q\}$，其中 Σ 为分界面，q 为分界面的位置，这种取法可以用来研究系统运动关于分界面的周期性，这是非光滑动力系统所特有的，能更直接地反映系统相轨线与分界面的关系。一般来说，对于一个周期激励的非光滑动力系统，其周期轨线可以表示为 $M - N$，其中 M 表示该轨线在一个周期内的碰撞次数(穿过分界面的次数)，N 表示激励周期数。同时采用两种 Poincaré 截面，可以更全面地反映系统相轨线的性质，尤其是反映系统相轨线与分界面的关系，更好地描述非光滑系统的动力学性态。

李雅普诺夫指数是系统相邻轨道长期发散和收缩的平均度量，它定量地刻画了系统对初值条件的敏感程度。对于 n 维系统，将有 n 个李雅普诺夫指数，它们分别表示了运动轨道沿各基向量的平均指数发散率。其中，最大的李雅普诺夫指数对系统的混沌运动具有重要的鉴别意义，当系统的最大李雅普诺夫指数为正时，系统的运动是混沌的[131-132]。对于非光滑动力系统，由于雅可比矩阵具有非连续性，因此给计算李雅普诺夫指数带来了很大的困难。Müller[133]指出计算非连续系统的李雅普诺夫指数需要在非连续点补充特定的转换条件，并且推导出了时不变和时变两种情况下的转换条件。这些转换条件的思想是在转换点处把系统相轨线做一阶泰勒展开，根据相轨线与分界面的关系得到一个映射，以补偿相轨线的非连续性。Lamba 等[134]研究了非光滑映射中李雅普诺夫指数的计算，指出在非光滑分岔点处最大李雅普诺夫指数有一个非连续的跳跃，并研究了阵发性混沌。之后，Stefanski 等[135]也对这方面做了重要的研究，给出了很多有用的结论。

2.3　随机动力学分析

随机动力学的最早研究是爱因斯坦在 1905 年发表的对布朗运动研究的论文，他将花粉颗粒的运动模拟为单个分子的杂乱运动，并发展了一个随机模型。在机械与土木工程中广为使用的 "随机振动" 术语，是 Rayleigh 在 1919 年为一个声学问题提出的。对随机振动的研究始于 20 世纪 50 年代的三个航空宇航问题：大气湍流引起的飞机振动，喷气噪声引起的飞机声疲劳和火箭推进的空间飞行器有效载荷的可靠性。这三个问题的共同因素是激励的随机性。从那时起，对随机激励系统开展了一系列研究以解决航空、航天、机械与土木工程中的问题。系统从线性引申到非线性，激励从外激引申到参激。随着计算技术的快速发展，各领域中含多自由度与强非线性的更多实际问题可用模拟技术数值解决。随机振动这一名词已广泛应用于关注随机系统响应与可靠性的场合，其主要目标是发展求解方法。若除响应与可靠性外，研究目标还包括随机系统的定性性态，如稳定性与分岔，则通常用随机动力学这一名词[136]。非线性随机动力方程可以用式 (2-10) 表示：

$$\frac{\mathrm{d}}{\mathrm{d}t}X_j(t) = f_j[\boldsymbol{X}(t),t] + \sum_{l=1}^{m}g_{jl}[\boldsymbol{X}(t),t]\xi_l(t), \quad j=1,2,\cdots,n \qquad (2\text{-}10)$$

式中，$\boldsymbol{X}(t) = [X_1(t), X_2(t), \cdots, X_n(t)]^{\mathrm{T}}$，是随机响应矢量，也称为状态矢量；$\xi_l(t)$ 是随机激励；$f_j(\cdot)$ 与 $g_{jl}(\cdot)$ 是系统性质。若相应函数 $g_{jl}(\cdot)$ 依赖于 $\boldsymbol{X}(t)$，则称 $\xi_l(t)$ 为参激或乘性激励；否则，称为外激或加性激励。由于激励是随机的，系统响应是随机过程，随机动力系统的激励与响应[137]如图 2-4 所示。

随机激励　$\xi_l(t)$　　确定性系统　　随机响应　$\boldsymbol{X}(t)$

图 2-4　随机动力系统的激励与响应[137]

　　建立系统模型之后，另一个要素是随机激励，必须基于所涉及物理问题中激励的特性恰当地建立其模型。随机过程的分类取决于所用准则，按其概率分布，随机过程可分为高斯过程、瑞利过程、泊松过程等。由于激励与系统响应为随机过程，它们的性质必须用概率与统计术语描述。一个随机过程可看作是一个不同时刻相关的一列随机变量。

2.3.1　随机变量和随机过程

2.3.1.1　随机变量

　　考虑一个随机现象，对该现象的单次观察称为一次试验。鉴于随机性，不可能预先知道试验的结果，但可以知道包括试验所有可能结果的集合，该集合称为上述随机现象的样本空间。例如，掷骰子的样本空间为集合 $\{1,2,3,4,5,6\}$，而测量喷气式飞机加速度的样本空间是某范围内的所有实数，如 $(-A,A)$，其中 A 是喷气式飞机加速度的极限。一个随机现象的样本空间中的每个元素称为样本点，它表示一个可能结果，以 Ω 表示样本空间，以 $\omega,\omega\in\Omega$ 表示样本点。

　　任一事件是样本空间的一个子集。如果该子集与包含所有样本点的样本空间相同，它就是一个肯定事件。相反，如果该子集不含样本点，它就是一个不可能事件。以掷骰子为例，事件可以是(a)结果为 3，(b)结果小于 3，(c)结果小于或等于 6，(d)结果大于 6，等等。显然，(c)是肯定事件，(d)是不可能事件。给每一个事件赋予一个出现的概率，称为事件的概率测度。

　　对大多数随机物理现象，观察的结果是数值，如作用于建筑物的风速，地震中地面加速度等。对非数值形式的结果，也可以通过适当的选取，赋予每个结果一个数值。因此，可以用一个随机数，如 X，表示随机现象。由于 X 的值取决于样本点 ω 表示的试验结果，X 是定义于样本空间 Ω 的 ω 的函数，即 $X=X(\omega)$，$\omega\in\Omega$。于是，有下述定义：随机变量 $X=X(\omega)$，其中 $\omega\in\Omega$ 是定义于样本空间 Ω 的 ω 的函数，使得对每一个实数 x，存在一个 $X(\omega)\leqslant x$ 的概率，记为

$$P[\omega : X(\omega) \leqslant x] \tag{2-11}$$

随机变量可分成离散随机变量与连续随机变量两类。离散随机变量只取有限可计数或无限可计数的值，而连续随机变量的样本空间是一个不可计数的连续空间。随机变量可为标量，也可为 n 维矢量。

2.3.1.2 随机过程

当考虑一个随时间随机演化的物理现象，如地震中建筑物的振动，海洋上船舶的运动等，以 $X(t)$ 表示随机现象中要研究的物理量，则 $X(t_1), X(t_2), \cdots$ 是随机变量。这种随机现象可通过引进随机过程这一概念来研究，它的定义：随机过程 $X(t)$ 是以属于指数集合 T 的 t 为参数的一组随机变量，以 $\{X(t), t \in T\}$ 表示。

严格地说，随机过程是两个自变量的函数：

$$\{X(t, \omega); t \in T, \omega \in \Omega\} \tag{2-12}$$

式中，Ω 仍是样本空间。对一固定时间 t，$X(t, \omega)$ 是定义在样本空间 Ω 上的随机变量，每一个关于 t 的函数 $X(t, \omega)$ 称为样本函数。

一般地说，指数集合 T 可以是离散或者连续的，样本空间 Ω 也可以是离散或者连续的。当指数集合为时间时，"离散"或"连续"一般是指样本空间。例如，连续随机过程意为具有连续样本空间的随机过程。

对随机变量和随机过程更为具体的描述，这里不再一一赘述，详细可参考朱位秋、蔡国强所著的《随机动力学引论》[137]。

2.3.2 随机响应和随机分岔

前文中已经提及了实际系统中存在很多随机因素，而研究这些有随机激励的非线性系统通常采用研究随机响应的一些指标来反映系统特征，其中应用最广泛的是概率密度响应函数。随机概率密度响应函数可分为瞬态概率密度响应函数和稳态概率密度响应函数[138]。其中，瞬态概率密度响应函数依赖于初始概率分布和时间，在不同条件下得到的瞬态响应一般不同。稳态概率密度响应函数则是足够长时间后的概率密度分布。概率密度响应函数可以通过求解 FPK 方程得到解析解，也可以通过一些数值方法。例如，之前介绍的广义胞映射(GCM)方法，还有指数多项式闭合(exponential polynomial closure, EPC)方法[115-116]、蒙特卡洛模拟法[139-140]等。

随机分岔是指在随机激励的作用下，当系统的参数发生微小的连续变化时，对应的系统动力学特征发生定性变化[138]。一般意义上，有两类随机分岔，动态分岔(D 分岔)与唯象分岔(P 分岔)[137]。D 分岔表示对于某一个分岔点，系统稳态概率密度性质发生变化，如从非平凡概率密度变为无界响应，从固定点变为非平凡概率密度等。P 分岔则是用来描述稳态概率密度形状的改变，多数情况是概率密度函数图像中峰的数目的变化，如从单峰变为双峰，联合概率密度函数从单峰变为火山口形状，或者反之。D 分岔与 P 分岔之间一般不存在必要联系。

近年来，对于随机响应和随机分岔的相关研究方兴未艾，学者们发展了各类求解随机响应和随机分岔的方法，得到了大量结果，大大促进了非线性动力学的发展。

2.3.3　随机动力系统概率密度响应求解方法

对于随机动力系统，随机响应分析是其中的重要研究内容。随机概率密度响应是最常见的随机响应分析特征之一[138]。无论是光滑系统，还是非光滑系统，对于概率密度响应的求解，同样包括解析方法和数值方法。解析方法一般通过得到系统的概率密度 FPK 方程，进而利用各种手段求解该方程，最终得到系统的稳态概率密度。常见的方法在前文中已经介绍，包括各种改进的随机平均理论、EPC 方法、有限元方法、高斯闭包法等。但 FPK 方程作为包含时间和状态变量的偏微分方程，对边界条件和初始条件具有很严格的要求，其扩散项或漂移项在很多情况下是关于时间的周期函数。因此，FPK 方程的精确解常常求解难度很大，推导过程异常复杂，并且一些解析方法很难获得系统精确的瞬态解析解。路径积分法是一种半解析方法，其基于 FPK 方程短时转移概率密度的思想，应用于各类求解随机响应分析中[141-143]，取得了很好的效果。

对于数值方法，蒙特卡洛模拟法是最常用的数值响应求解手段。通过选取大量随机样本数，利用数值迭代积分，便可以得到系统响应，从而不需要求解 FPK 方程，其适用于所有类型的随机动力系统，也可以看作是一种标准结果。但与此同时，蒙特卡洛模拟法需要大量的样本数才能保证结果准确，这会大大增加计算时间，降低计算效率。20 世纪 80 年代，Hsu[144]提出了一种高效的胞映射(cell mapping，CM)方法。通过将连续的状态空间离散成若干个小的间隔空间，每个小间隔称为胞。将系统点与点之间的连续映射关系转换为胞与胞之间的离散映射关系，从而得到系统的响应。这种思路可以快速得到系统瞬态响应和稳态响应，因此学者们改进了这种方法，胞映射思想得到极大发展，并广泛应用于光滑随机系统的动力学响应分析[145-150]。但是，还没有人将其运用到随机激励下的非光滑系统的响应分析中。

综上分析，可以看出，解析方法和数值方法的发展极大地促进了随机响应分析的研究。但与此同时，在前文中已经提及，由于非光滑特性和随机扰动的共同作用，非光滑随机响应分析存在极大的困难。一方面，常用的分析手段需要将非光滑系统近似成光滑系统；另一方面，解析方法常常对于系统参数有一定限制，与实际应用不相符，且对具有强非线性的系统，稳态解析解常常不存在。GCM 理论作为一种快速有效的数值方法，在响应计算中有着显著的优势。因此，如何利用非光滑系统的特点，在不改变非光滑特性的前提下，发展一种基于 GCM 理论计算飞行器结构内非光滑振子瞬态随机概率密度响应和稳态随机概率密度响应的新方法，是一个值得思考的问题。

2.4　随机噪声激励的模拟

2.4.1　高斯白噪声的模拟

对于一个随机过程，若它为高斯分布，零均值，且在全频域$(-\infty,\infty)$上，功率谱密度为常数，则称其为高斯白噪声。高斯白噪声是一种满足概率分布为正态函数的噪声，并且它的一阶矩为常数，而二阶矩不相关[151]，即满足下列条件：

$$E[\xi(t)] = 0, \qquad E[\xi(t)\xi(t+\tau)] = 2\sigma\delta(\tau) \tag{2-13}$$

在数值模拟中，使用计算机语言首先产生在 $[0,1]$ 均匀分布的随机数 $U(0,1)$，再由这些随机数产生标准正态分布随机数 $N(0,1)$：

$$\zeta_{k+1} = \sqrt{-2\ln\eta_{k+1}}\cos(2\pi\eta_{k+2}) \tag{2-14}$$

$$\zeta_{k+2} = \sqrt{-2\ln\eta_{k+1}}\sin(2\pi\eta_{k+2}) \tag{2-15}$$

式中，$\eta_k \sim U(0,1)$；$\zeta_k \sim N(0,1)$。

因此，高斯白噪声可以表示为由独立的单位正态随机序列 ζ_k 连接起来的形式：

$$\xi_k = \sqrt{2\sigma/\Delta t}\,\zeta_k, \quad k = 1, 2, \cdots \tag{2-16}$$

式中，2σ 为高斯白噪声的强度。图 2-5 是强度为 0.001 的高斯白噪声。

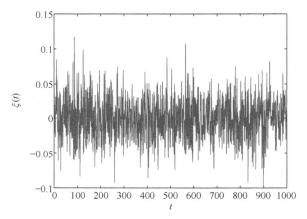

图 2-5　强度为 0.001 的高斯白噪声

2.4.2　泊松白噪声的模拟

泊松白噪声是一种特殊的随机脉冲列过程，其脉冲到达时刻服从参数为 λ 的泊松分布，幅值服从某一特定分布。泊松分布在自然界中广泛存在，可用于描述单位时间或空间内随机事件发生的次数。随机脉冲也常见于地震加速度、波浪载荷、机械冲击等实际现象中[137]。因此，泊松白噪声是一种可用于描述随机时刻到达且幅值满足特定分布的脉冲，一般可以表示为

$$\xi(t) = \begin{cases} 0, & N(t) = 0 \\ \sum_{i=1}^{N(t)} R_i\delta(t-T_i), & N(t) > 0 \end{cases} \tag{2-17}$$

式中，$\delta(\cdot)$ 是狄拉克函数；$N(t)$ 是记录了在时间 t 内脉冲发生总次数的泊松计数法；脉冲幅值 R_i 服从概率密度函数 $p_R(r)$。泊松白噪声的相关函数为

$$K^{(k)}[\xi(t_1), \xi(t_2), \cdots, \xi(t_k)] = \lambda E[R^k]\delta(t_2-t_1)\cdots\delta(t_k-t_1), \quad k = 1, 2, \cdots \tag{2-18}$$

式中，λ 是 $N(t)$ 的平均到达率。$I = \lambda E[R^2]$ 是泊松白噪声的强度。当 $\lambda \to \infty$ 时，无论 $p_R(r)$ 代表何种概率密度函数，泊松白噪声都趋近于强度为 I 的高斯白噪声；反之，若 λ 较小，则泊松白噪声是一种非高斯白噪声。

相较于高斯白噪声，泊松白噪声的模拟较为复杂，需要分别模拟脉冲幅值序列 $\{R_i\}$ 和脉冲到达时刻序列 $\{T_i\}$ [152-153]。由于脉冲到达时刻序列 $\{T_i\}$ 服从强度为 λ 的泊松过程，相邻脉冲之间的时间间隔服从参数为 λ 的指数分布 [142]，因此脉冲到达时刻序列 $\{T_i\}$ 可以表示为

$$T_0 = 0, \quad T_i = T_{i-1} - \frac{1}{\lambda} \ln \eta_k, \quad k = 1,2,3\cdots \tag{2-19}$$

式中，η_k 是相互独立的，在 $(0,1]$ 服从均匀分布的随机数序列。

假设脉冲幅值序列 $\{R_i\}$ 服从均值为零，方差为 σ^2 的正态分布。对脉冲幅值的模拟通常可以采用两种模型，即 Dirac δ 模型和矩形脉冲模型，由于后者易于编程，故本书采用后者。图 2-6 展示了两种常见的脉冲模型，其中左图表示 Dirac δ 模型，右图表示矩形脉冲模型，h 表示龙格-库塔法的积分步长。图 2-7 展示的是 $\lambda = 10$ 的泊松白噪声数值模拟结果。

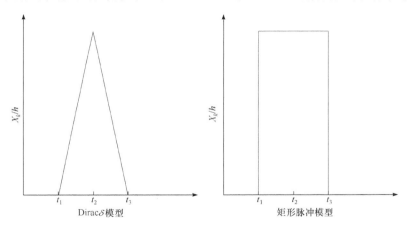

图 2-6　两种常见的脉冲模型

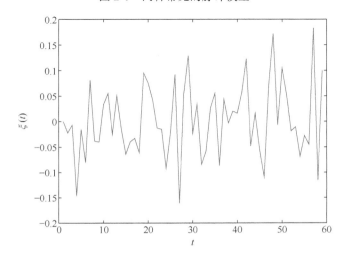

图 2-7　$\lambda = 10$ 的泊松白噪声数值模拟结果

2.4.3 窄带噪声的模拟

白噪声的相关函数为 $\delta(\cdot)$ 函数，任意两个不同时刻的噪声值之间没有相关性，并不会相互影响，这使得受白噪声激励的系统具有马尔可夫性，同时对白噪声的模拟也比较简单。对窄带噪声的模拟较为复杂，由于功率谱密度函数不为常数，由功率谱与相关函数的特殊关系可知，窄带噪声不同时刻的值是有相关性的，因此对于它的模拟需要借助一定的技巧。

模拟窄带噪声的方法大体有以下几种[154]：

(1) 第一种方法是通过有界噪声模型模拟窄带噪声。用来描述窄带噪声的有界噪声模型一般分为两种，其中一种有界噪声模型如式(2-20)所示：

$$\xi(t) = h\cos(\Omega t + \gamma B(t)) \tag{2-20}$$

式中，h 为激励的振幅；Ω 为激励的平均频率；γ 为强度参数；$B(t)$ 为标准维纳过程，其形式导数为高斯白噪声。这种形式的有界噪声模型 $\xi(t)$ 具有的功率谱密度函数如式 (2-21)所示：

$$S_{\xi 1}(\omega) = \frac{1}{2}\frac{h^2\gamma^2(\Omega^2 + \omega^2 + \dfrac{\gamma^4}{4})}{(\Omega^2 - \omega^2 + \dfrac{\gamma^4}{4})^2 + \omega^2\gamma^4} \tag{2-21}$$

另外一种有界噪声模型如下：

$$\begin{cases} \xi(t) = \mu\sin(\Omega t + \psi) \\ \psi = \sigma B(t) + \Gamma \end{cases} \tag{2-22}$$

式中，μ 是振幅；Ω 是平均频率；σ 是激励强度；Γ 是均匀分布在 $[0, 2\pi)$ 上的随机变量。式(2-22)中的有界噪声模型 $\xi(t)$ 具有如下形式的功率谱密度函数：

$$S_{\xi 2}(\omega) = \frac{(\mu\sigma)^2}{2\pi}\left(\frac{1}{4(\omega - \Omega)^2 + \sigma^4} + \frac{1}{4(\omega + \Omega)^2 + \sigma^4}\right) \tag{2-23}$$

(2) 第二种方法是通过线性滤波器理论，由 CARMA(p, q)模型生成。1983 年，Spanos[155]提出了自回归滑动平均(autoregressive moving-average，ARMA)算法，用于模拟给定海浪功率谱的时间序列，并发现这种理论的效果优于谐波叠加法。

考虑一个零均值的平稳过程 $X(t)$，其拥有已知的功率谱密度函数 $S_X(\omega)$，在设计滤波器时，使用两个多项式的比值来近似 $S_X(\omega)$：

$$S_X(\omega) = \frac{P(\omega)}{Q(\omega)} = \frac{p_{2m}\omega^{2m} + \cdots + p_2\omega^2 + p_0}{q_{2n}\omega^{2n} + \cdots + q_2\omega^2 + q_0} \tag{2-24}$$

因为功率谱密度函数是频率 ω 的偶函数，所以多项式 $P(\omega)$ 和 $Q(\omega)$ 只包含 ω 的偶数项。通常需要满足 $m < n$，以使得 $S_X(\omega)$ 是有限的，且 $P(\omega)$ 和 $Q(\omega)$ 必须为实变函数，使得 $S_X(\omega)$ 对于任意 ω 均为正数，由此可知，多项式的根是成对的共轭复根。因此，这组多项式的商又可以写成如下形式：

$$\frac{P(\omega)}{Q(\omega)} = H(\mathrm{i}\omega)H(-\mathrm{i}\omega) \tag{2-25}$$

式中，$\mathrm{i} = \sqrt{-1}$，是虚数单位；$H(\mathrm{i}\omega)$ 是系统的频率响应函数，它可以将输入的白噪声转化为近似的功率谱密度函数为 $S_X(\omega)$ 的窄带噪声。一旦频率响应函数确定，描述窄带噪声的滤波器就设计完毕。

比较常见的 CARMA(p, q) 有 CARMA$(2, 1)$ 和 CARMA$(4, 2)$[156-157]。

CARMA$(2, 1)$ 可以写成如下二阶微分方程的形式：

$$\begin{cases} \mathrm{d}x_1 = (x_2 - \beta x_1)\mathrm{d}t + \gamma \mathrm{d}B(t) \\ \mathrm{d}x_2 = -\alpha x_1 \mathrm{d}t \end{cases} \tag{2-26}$$

式中，α、β、γ 是滤波器参数；$B(t)$ 是标准维纳过程；x_1 是滤波器输出的窄带噪声，其具有如下形式的功率谱密度函数：

$$S_{2\mathrm{nd}}(\omega) = \frac{1}{2\pi} \frac{\gamma^2 \omega^2}{(\alpha - \omega^2)^2 + (\beta\omega)^2} \tag{2-27}$$

CARMA$(4, 2)$ 可以写成如下四阶微分方程的形式：

$$\begin{cases} \mathrm{d}x_1 = (x_2 - \lambda_1 x_1)\mathrm{d}t \\ \mathrm{d}x_2 = (x_3 - \lambda_2 x_1)\mathrm{d}t + \gamma_1 \mathrm{d}B(t) \\ \mathrm{d}x_3 = (x_4 - \lambda_3 x_1)\mathrm{d}t \\ \mathrm{d}x_4 = -\lambda_4 x_1 \mathrm{d}t \end{cases} \tag{2-28}$$

式中，λ_1、λ_2、λ_3、λ_4、γ_1 是滤波器参数；x_1 是滤波器输出的窄带噪声，其具有如下形式的功率谱密度函数：

$$S_{4\mathrm{th}}(\omega) = \frac{1}{2\pi} \frac{\gamma_1^2 \omega^4}{[(\beta_1 - \omega^2)^2 + (\alpha_1\omega)^2][(\beta_2 - \omega^2)^2 + (\alpha_2\omega)^2]} \tag{2-29}$$

滤波器参数 λ_1、λ_2、λ_3、λ_4 可以表示为

$$\begin{cases} \lambda_1 = \alpha_1 + \alpha_2 \\ \lambda_2 = \beta_1 + \beta_2 + \alpha_1\alpha_2 \\ \lambda_3 = \alpha_1\beta_2 + \alpha_2\beta_1 \\ \lambda_4 = \beta_1\beta_2 \end{cases} \tag{2-30}$$

有界噪声模型和由 CARMA(p, q) 得到的滤波方程产生的功率谱是相似的，但二者幅值的概率密度函数有很大差异。受高斯白噪声激励的线性滤波器的概率密度响应函数是高斯的，而有界噪声模型的概率密度响应函数不是高斯的。其次通过有界噪声模型在任意时刻产生的响应都是满足目标功率谱的，而滤波方程在推导过程中由于用到了频率响应函数，因此为了满足目标功率谱，需要将滤波方程计算到稳态。

2.4.4　非高斯色噪声的模拟

非高斯色噪声更接近于实际，且可以诱发跃迁的扰动[158]。非高斯色噪声激励下的一

维随机系统可以简单表示为如下形式：

$$\dot{x} = f(x) + \eta(t) \tag{2-31}$$

式中，$\eta(t)$ 是色噪声变量，满足以下特性：

$$E[\eta(t)] = 0, \quad E[\eta(t)\eta(t')] = D\lambda \exp(-\lambda|t - t'|) \tag{2-32}$$

式中，D 是噪声强度；λ 是相关时间的倒数，即 $\lambda = 1/\tau_c$，τ_c 是相关时间。

非高斯色噪声激励下的一维随机系统等价于如下白噪声激励下的二维随机系统：

$$\begin{cases} \dot{x} = f(x) + \eta(t) \\ \dot{\eta} = h(\eta) + \lambda g_w(t) \end{cases} \tag{2-33}$$

式中，$h(\eta) = -\lambda\eta(t)$；$g_w(t)$ 表示高斯白噪声。其中，变量 $\eta(t)$ 的初始分布满足如下条件：

$$p(\eta_0) = (2\pi D\lambda)^{-1/2} \exp(-\eta_0^2 / 2D\lambda) \tag{2-34}$$

2.5 GCM 方法实现过程

考虑 N 维随机非线性系统，其简化的随机微分方程可以写为

$$\dot{X}_N(t) = f(X, t) + \xi(t) \tag{2-35}$$

式中，$X_N(t) = [X_1(t), X_2(t), \cdots, X_N(t)]^T \in \mathbf{R}^N$，表示系统的随机响应；$f(X, t)$ 表示 N 维非线性函数；$\xi(t)$ 表示系统受到的随机扰动，是一个 N 维相互独立的随机过程。因此，系统(2-35)的响应 $X(t)$ 是一个马尔可夫过程。若 $p(x, t)$ 是式(2-34)在 t 时刻的概率密度，$p(x, t|x_0, t_0)$ 是 $X(t)$ 在初始条件 $p(x_0, t_0)$ 时的转移概率密度[159]，那么

$$p(x, t) = \int p(x, t | x_0, t_0) \cdot p(x_0, t_0)\,\mathrm{d}x_0 = \int p(x, t|x_0, t - t_0) \cdot p(x_0, 0)\mathrm{d}x_0 \tag{2-36}$$

式中，响应时间轴上的积分间隔为 $\Delta t = t - t_0$。若 $t_m = m\Delta t$ 的概率密度响应为 $p(x_0, t_m)$，那么 t_{m+1} 时刻的概率密度响应为

$$p(x, t_{m+1}) = \int p(x, \Delta t | x_0, 0) \cdot p(x_0, t_m)\,\mathrm{d}x_0 \tag{2-37}$$

对于 GCM 方法，其基本思路是将连续的状态空间转换为离散的状态空间，通过统计离散空间内每个间隔之间的转移概率，利用初始的概率分布，根据式(2-37)便可以得到任意步时间后系统的概率密度响应。具体的操作如下：

选取 $X_n(t)$ 所在的连续研究区间 $\Omega \in \mathbf{R}^N$，并针对每个维度将其划分为 S 个均匀大小的小间隔块，总计 S^N 个小间隔块。假设第 n 个维度的区间长度为 $L_n = x_{n\max} - x_{n\min}$，$x_{n\max}$ 和 $x_{n\min}$ 分别为该区间内的最大值和最小值，那么在该维度每个均匀小间隔块的长度为 L_n/S。对于该维度的某点 x_{ns}，其坐标位置 d_{ns} 可以表示为

$$d_{ns} = S \cdot (x_{ns} - x_{n\min}) / L_n \tag{2-38}$$

因此，若整个区间内某点 $(x_{1s}, x_{2s}, \cdots, x_{ns})$ 为第 i 个离散的间隔块，则可以将其位置标记为

$$D_i = (d_{1s}, d_{2s}, \cdots, d_{ns}), \quad 1 \leqslant i \leqslant N^S, 1 \leqslant n \leqslant N, 1 \leqslant s \leqslant S \tag{2-39}$$

图 2-8 是二维离散间隔状态空间划分示意图，将每个维度划分为 S 个间隔块，则总计 S^2 个间隔块。$x_{1\max}$、$x_{2\max}$、$x_{1\min}$ 和 $x_{2\min}$ 分别表示二维空间内区间的最大值和最小值，区间长度分别为 L_1 和 L_2，则某个间隔块 $i(p, q)(1 \leqslant p \leqslant S, 1 \leqslant q \leqslant S)$的位置为

$$D_2 = (d_{1p}, d_{2q}) = \left(\frac{S(x_{1p} - x_{1\min})}{L_1}, \frac{S(x_{2q} - x_{2\min})}{L_2} \right) \tag{2-40}$$

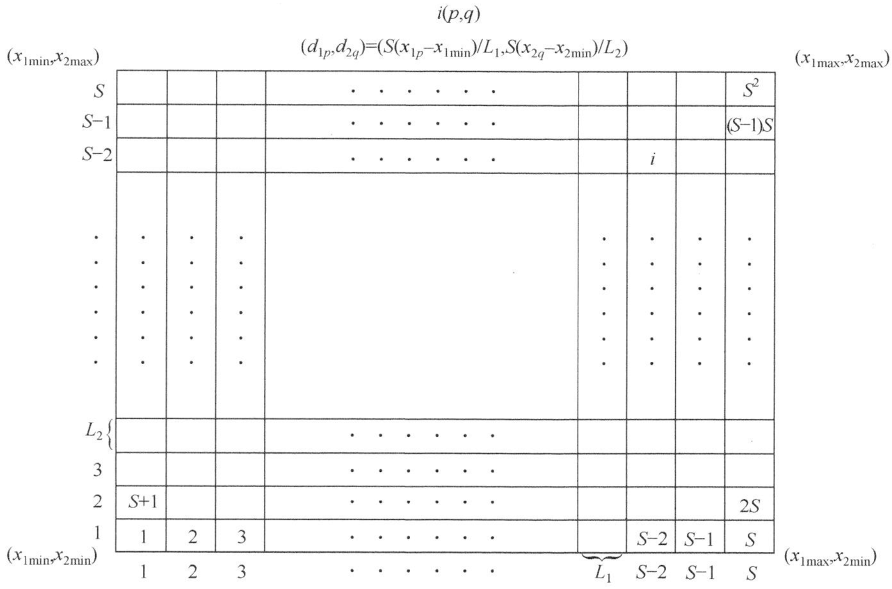

i(p,q)
(d1p,d2q)=(S(x1p−x1min)/L1,S(x2q−x2min)/L2)
(x1min,x2max)
(x1max,x2max)
S
S−1
S−2
S²
(S−1)S
i
L2
3
2
1
S+1
2S
1 2 3
S−2 S−1 S
(x1min,x2min)
(x1max,x2min)
1 2 3
L1 S−2 S−1 S

图 2-8　二维离散间隔状态空间划分示意图

划分好离散的状态空间后，需要建立每个小间隔块之间的一步转移概率。由于随机激励的存在，从每一个小间隔块内选取 M 个随机样本，利用随机龙格-库塔法进行迭代运算。假设第 i 个间隔块在积分时长Δt 后有 M_j 个样本轨迹运动到第 j 个间隔块，则可以得到由 i 到 j 在积分时长Δt 的一步转移概率为

$$p_{ji}=M_j/M, \quad M_j \leqslant M \tag{2-41}$$

将其标记为(D_i, D_j, p_{ji})。通过遍历计算离散状态空间内的所有间隔块，方程(2-37)可以写为

$$p_j(m+1) = \sum p_{ji} \cdot p_i(m) \tag{2-42}$$

将式(2-42)写成矩阵形式有

$$p(m+1) = P \cdot p(m) \tag{2-43}$$

式中，P 代表一步转移概率矩阵。根据马尔可夫理论和 Chapman-Kolmogorov(C-K)方程，式(2-41)可以改写为

$$p(m) = P \cdot p(m-1) = P^2 \cdot p(m-2) = \cdots = P^n \cdot p(0) \tag{2-44}$$

基于式(2-44)，便可以得到每一步时间步长后的瞬态概率密度，当 m 足够大时，系统就会进入稳态响应阶段。一般情况下，为了保证计算精度，当系统维数较高并且划分的

间隔块 S^N 较多时, 一步转移概率矩阵 P 会是一个特别庞大的矩阵。但与此同时, P 也是一个稀疏矩阵, 这意味着大多数位置上并没有转移概率存在, 式(2-44)的矩阵相乘计算时间会大幅度缩短, 从而快速得到每一步的概率密度响应, 特别是稳态概率密度响应。

前文已经介绍, GCM 方法已经在光滑系统随机动力学中广泛应用, 但少有文献将其运用到非光滑系统的随机动力学分析中。本书将在接下来的章节中利用非光滑系统特点, 在不改变非光滑特性的前提下, 发展一系列基于 GCM 理论的计算非光滑动力系统瞬态随机概率密度响应和稳态随机概率密度响应的新方法。

本书之所以选用几类典型非光滑振子主要因为: ①这几类非光滑振子可以用来描述工程机械结构振动问题; ②这几类非光滑振子形式简单, 便于说明问题。

2.6　本章小结

本章首先介绍了几类主要的非光滑因素, 包括摩擦、弹性碰撞和刚性碰撞, 详细地分析了非光滑随机动力系统的基本概念和研究发展历程, 以及学者们对于非光滑随机动力系统的相关研究成果。进一步地, 为了加深对非光滑随机动力系统的理解, 初步介绍了随机动力系统响应分析的一些手段, 包括几类典型随机激励的模拟过程。最后, 介绍了 GCM 方法的实现过程, 为后文非光滑系统概率密度响应求解方法分析提供了基础。

参 考 文 献

[1] AWREJCEWICZ J, OLEJNIK P. Analysis of dynamic systems with various friction laws[J]. Applied Mechanics Reviews, 2005, 58(6): 389-411.

[2] 王亮. 非光滑动力系统响应及其混沌控制研究[D]. 西安: 西北工业大学, 2009.

[3] BAULE A, TOUCHETTE H, COHEN E G D. Stick-slip motion of solids with dry friction subject to random vibrations and an external field[J]. Nonlinearity, 2010, 24(2): 351-372.

[4] 瓦伦丁 L. 波波夫. 接触力学与摩擦学的原理及其应用[M]. 2 版. 李强, 雒建斌, 译. 北京: 清华大学出版社, 2019.

[5] YUE X L, XIANG Y L, XU Y,et al. Global dynamics of the dry friction oscillator with shape memory alloy[J]. Archive of Applied Mechanics, 2020, 90(12): 2681-2692.

[6] JANSEN J. Nonlinear dynamics of oilwell drill-strings[D]. Delft: Delft University, 1993.

[7] VAN D S L. Suppressing stick-slip-induced drillstring oscillations: A hyperstability approach[D]. Twente: University of Twente, 1997.

[8] BERGER E J. Friction modeling for dynamic system simulation[J]. Applied Mechanics Reviews, 2002, 55(6): 535-577.

[9] BOWDEN F P, TABOR D. Friction: An Introduction to Tribology[M]. New York: Anchor Press, 1973.

[10] ANDREAUS U, CASINI P. Dynamics of friction oscillators excited by a moving base and/or driving force[J]. Journal of Sound and Vibration, 2001, 245(4):685-699.

[11] RIDDOCH D J, CICIRELLO A, HILLS D A. Response of a mass-spring system subject to Coulomb damping and harmonic base excitation[J]. International Journal of Solids and Structures, 2020, 193/194: 527-534.

[12] DAHL P R. Solid friction damping of mechanical vibrations[J]. AIAA Journal, 1976, 14(12): 1675-1682.

[13] JIN X, WANG Y, HUANG Z L. Approximately analytical technique for random response of LuGre friction

system[J]. International Journal of Non-Linear Mechanics, 2017, 104(9): 1-7.

[14] BUCCI B A, COLE D G, LUDWICK S J,et al. Nonlinear control algorithm for improving settling time in systems with friction[J]. IEEE Transactions on Control Systems Technology, 2012, 21(4): 1365-1373.

[15] XU Z, FAN Z, FANG K, et al. A novel virtual sensor for estimating robot joint total friction based on total momentum[J]. Applied Sciences, 2019, 9(16): 3344.

[16] CANUDAS C W, OLSSON H, ASTROM K J,et al. A new model for control of systems with friction[J]. IEEE Transactions on Automatic Control, 1995, 40(3): 419-425.

[17] MUVENGEI O, KIHIU J, IKUA B. Dynamic analysis of planar multi-body systems with LuGre friction at differently located revolute clearance joints[J]. Multibody System Dynamics, 2012, 28(4): 369-393.

[18] SAHA A, WAHI P, WIERCIGROCH M,et al. A modified LuGre friction model for an accurate prediction of friction force in the pure sliding regime[J]. International Journal of Non-Linear Mechanics, 2016, 80: 122-131.

[19] JEFFREY M R, HOGAN S J. The geometry of generic sliding bifurcations[J]. SIAM Reviews, 2011, 53(3): 505-525.

[20] SUN J Q. Random vibration analysis of a non-linear system with dry friction damping by the short-time Gaussian cell mapping method[J]. Journal of Sound and Vibration, 1995, 180(5): 785-795.

[21] FENG Q. A discrete model of a stochastic friction system[J]. Computer Methods in Applied Mechanics and Engineering, 2003, 192(20): 2339-2354.

[22] FANG Y, LIANG X, ZUO M J. Effects of friction and stochastic load on transient characteristics of a spur gear pair[J]. Nonlinear Dynamics, 2018, 93(2): 599-609.

[23] GUERINE A, HAMI A E, WALHA L,et al. Dynamic response of a spur gear system with uncertain friction coefficient[J]. Advances in Engineering Software, 2018, 120: 45-54.

[24] WANG Y, LUAN X L, JIN X L,et al. Random response evaluation of mono-stable and bi-stable Duffing systems with Dahl friction[J]. Archive of Applied Mechanics, 2016, 86(11): 1827-1840.

[25] KUMAR P, NARAYANAN S, GUPTA S. Stochastic bifurcation analysis of a duffing oscillator with Coulomb friction excited by Poisson white noise[C]. 12th International Conference on Vibration Problems, Guwahati, 2015: 998-1006.

[26] SUN J J, XU W, LIN Z F. Research on the reliability of friction system under combined additive and multiplicative random excitations[J]. Communications in Nonlinear Science and Numerical Simulation, 2017, 54: 1-12.

[27] BERNARDO M, BUDD C J, CHAMPNEYS A R, et al. Piecewise-smooth Dynamical Systems Theory and Applications[M]. Berlin: Springer, 2008.

[28] 金栋平, 胡海岩. 碰撞振动与控制[M]. 北京: 科学出版社, 2005.

[29] DIMENTBERG M F, IOURTCHENKO D V. Towards incorporating impact losses into random vibration analyses: A model problem[J]. Probabilistic Engineering Mechanics, 1999, 14(4): 323-328.

[30] HESS D P, SOOM A, KIM C H. Normal vibrations and friction at a Hertzian contact under random excitation: Theory and experiments[J]. Journal of Sound and Vibration, 1992, 153(3): 491-508.

[31] HESS D P, SOOM A. Normal vibrations and friction at a Hertzian contact under random excitation: Perturbation solution[J]. Journal of Sound and Vibration, 1993, 164(2): 317-326.

[32] MACHADO M, MOREIRA P, FLORES P, et al. Compliant contact force models in multibody dynamics: Evolution of the Hertz contact theory[J]. Mechanism and Machine Theory, 2012, 53: 99-121.

[33] ZHANG L X, BAI Z F, ZHAO Y. Dynamic response of solar panel deployment on spacecraft system considering join clearance[J]. Acta Astronautica, 2012, 81(23): 174-185.

[34] DUBOWSKY S, FREUDENSTEIN F. Dynamic analysis of mechanical systems with clearance, Part 1:

Formation of dynamic model[J]. Journal Engineering for Industry-Transactions of the ASME, 1971, 93(1): 305-309.

[35] DUBOWSKY S, GARDNER T N. Dynamic interactions of link elasticity and clearance connections in planar mechanical systems[J]. Journal Engineering for Industry-Transactions of the ASME, 1975, 97(2): 652-661.

[36] HUNT K H, CROSSLEY F R. Coefficient of restitution interpreted as damping in vibro-impact[J]. Journal of Applied Mechanics, 1975, 42(2): 440-445.

[37] HERBERT R G, WHANNELL D C. Shape and frequency composition of pulses from an impact pair[J]. Journal of Engineering for Industry, 1977, 99: 513-518.

[38] HU H Y. Detection of grazing orbits and incident bifurcations of a forced continuous, piecewise-linear oscillator[J]. Journal of Sound and Vibration, 1995, 187(3): 485-493.

[39] HU H Y. Numerical scheme of locating the periodic response of non-smooth nonautonomous systems of high dimension[J]. Computer Methods in Applied Mechanics and Engineering, 1995, 123(1): 53-62.

[40] BLAZEJCZYK O B. Study of the impact oscillator with elastic coupling of masses[J]. Chaos Solitons and Fractals, 2000, 11(15): 2487-2492.

[41] 杨翊仁, 赵令诚. 带外挂二元翼极限环颤振的高次线化分析[J]. 应用力学学报, 1992, 2: 109-113.

[42] ERDDI I, HOS C. Prediction of quarter-wave instability in direct spring operated pressure relief valves with upstream piping by means of CFD and reduced order modelling[J]. Journal of Fluids and Structures, 2017, 73: 37-52.

[43] ARNOLD L. Random Dynamical Systems[M]. New York: Springer, 1995.

[44] YUE X L, WEI X, WANG L. Global analysis of boundary and interior crises in an elastic impact oscillator[J]. Communications in Nonlinear Science and Numerical Simulation, 2013, 18(12): 3567-3574.

[45] 冯进钤. 典型非光滑系统复杂动力学的研究[D]. 西安: 西北工业大学, 2009.

[46] LIU Y, CHAVEZ J P. Controlling coexisting attractors of an impacting system via linear augmentation[J]. Physica D: Nonlinear Phenomena, 2017, 348: 1-11.

[47] LEGRAND M, JUNCA S, HENG S. Nonsmooth modal analysis of a N-degree-of-freedom system undergoing a purely elastic impact law[J]. Communications in Nonlinear Science and Numerical Simulations, 2017, 45(4): 190-219.

[48] BHASKAR K, VARADAN T K. The contradicting assumptions of zero transverse normal stress and strain in the thin plate theory: A justification[J]. Journal of Applied Mechanics-Transaction of the ASME, 2001, 68(4): 660-662.

[49] LI G F, WU S P, WANG H B,et al. Global dynamics of a non-smooth system with elastic and rigid impacts and dry friction[J]. Communications in Nonlinear Science and Numerical Simulation, 2021, 95:105603.

[50] DING J, WANG C, DING W C. Periodic motion and transition of a vibro-impact system with multilevel elastic constraints[J]. Discrete Dynamics in Nature and Society, 2021: 6687887.

[51] MOON F C, LI G X. Experimental study of chaotic vibrations in a pin-jointed space truss structure[J]. AIAA Journal, 1990, 28(5): 915-921.

[52] BULLOCK S J, PETERSON L D. Nanometer regularity in the mechanics of a precision deployable spacecraft structure joint[J]. Journal of Spacecraft and Rockets, 1999, 36(5): 758-764.

[53] CYRIL X, MISRA A K, INGHAM M, et al. Postcapture dynamics of a spacecraft-manipulator-payload system[J]. Journal of Guidance Control and Dynamics, 2012, 23(1): 95-100.

[54] 阎绍泽, 陈鹿民, 季林红. 含间隙铰的机械多体系统动力学模型[J]. 振动工程学报, 2003, 16(3): 36-40.

[55] 阎绍泽. 航天器中含间隙机构非线性动力学问题及其研究进展[J]. 动力学与控制学报, 2004, 2(2): 49-52.

[56] YOSHIDA K, NAKANISHI H. Impedance matching in capturing a satellite by a space robot[C]. IEEE/RJS International Conference on Intelligent Robots and Systems, Las Vegas, 2003: 3059-3064.

[57] DAI H H, YUE X K, YUAN J P,et al. A time domain collocation method for studying the aero-elasticity of a two dimensional airfoil with a structural nonlinearity[J]. Journal of Computational Physics, 2014, 270: 214-237.

[58] DAI H H, JING X J, WANG Y,et al. Accurate modeling and analysis of a bio-inspired isolation system: With application to on-orbit capture[J]. Mechanical Systems and Signal Processing, 2018, 109: 111-133.

[59] LIN Y K, CAI G Q. Probabilistic Structural Dynamics: Advanced Theory and Applications[M]. New York: McGraw Hill, 1995.

[60] FOGLI M, BRESSOLETTE P. Spectral response of a stochastic oscillator under impacts[J]. Meccanica, 1997, 32(1): 1-12.

[61] 冯进钤, 徐伟, 王蕊. 随机 Duffing 单边约束系统的倍周期分岔[J]. 物理学报, 2006, 55(11): 5733-5739.

[62] WANG L, XU W, LI G L,et al. Response of a stochastic Duffing-Van der Pol elastic impact oscillator[J]. Chaos, Solitons and Fractals, 2009, 41(4): 2075-2080.

[63] JING H S, SHEU K C. Exact stationary solutions of the random response of a single-degree-of-freedom vibro-impact system[J]. Journal of Sound and Vibration, 1990, 141(3): 363-373.

[64] HUANG Z L, LIU Z H, ZHU W Q. Stationary response of multi-degree-of-freedom vibro-impact systems under white noise excitations[J]. Journal of Sound and Vibration, 2004, 275(1): 223-240.

[65] GU X D, DENG Z C. Dynamical analysis of vibro-impact capsule system with Hertzian contact model and random perturbation excitations[J]. Nonlinear Dynamics, 2018, 92(4): 1781-1789.

[66] LAN C B, QIN W Y. Vibration energy harvesting from a piezoelectric bistable system with two symmetric stops[J]. Acta Physica Sinica -Chinese Edition, 2015, 64(21): 210501.

[67] LIU L, XU W, YUE X L,et al. Stochastic analysis of strongly non-linear elastic impact system with Coulomb friction excited by white noise[J]. Probabilistic Engineering Mechanics, 2020, 61: 103085.

[68] WANG J L, LENG X L, LIU X B. The determination of the activation energy for a vibro-impact system under multiple excitations[J]. Nonlinear Dynamics, 2021, 106(1): 61-80.

[69] XU W, WANG L, FENG J Q,et al. Some new advance on the research of stochastic non-smooth systems[J]. Chinese Physics B, 2018, 27(11): 110503.

[70] HOLMES P J. The dynamics of repeated impacts with a sinusoidally vibrating table[J]. Journal of Sound and Vibration, 1982, 84(2): 173-189.

[71] SHAW S W, HOLMES P J. A periodically forced impact oscillator with large dissipation[J]. Journal of Applied Mechanics-Transaction of the ASME, 1983, 50(4): 849-857.

[72] 罗冠炜, 谢建华. 碰撞振动系统的周期运动和分岔[M]. 北京: 科学出版社, 2004.

[73] LI G F, SUN J, DING W C. Dynamics of a vibro-impact system by the global analysis method in parameter-state space[J]. Nonlinear Dynamics, 2019, 97(1):541-557.

[74] LUO G W, XIE J H. Bifurcations and chaos in a system with impacts[J]. Physica D: Nonlinear Phenomena, 2001, 148(3):183-200.

[75] WANG Y, WANG L, NI Q,et al. Non-smooth dynamics of articulated pipe conveying fluid subjected to a one-sided rigid stop[J]. Applied Mathematical Modelling, 2020, 89:802-818.

[76] FANG B, THEURICH T, KRACK M,et al. Vibration suppression and modal energy transfers in a linear beam with attached vibro-impact nonlinear energy sinks[J]. Communications in Nonlinear Science and Numerical Simulation, 2020, 91: 105415.

[77] SHAW S W, RAND R H. The transition to chaos in a simple mechanical system[J]. International Journal of Non-Linear Mechanics, 1989, 24(1): 41-56.

[78] SHAW S W, HOLMES P J. Periodically forced linear oscillator with impacts: Chaos and long-period motions[J]. Physical Review Letters, 1983, 51(8): 623-626.

[79] DU Z, ZHANG W. Mel'nikov method for homoclinic bifurcation in nonlinear impact oscillators[J]. Computers and Mathematics with Applications, 2005, 50(3): 445-458.

[80] KUKUCKA P. Mel'nikov method for discontinuous planar systems[J]. Nonlinear Analysis-Real World Applications, 2007, 66(12): 2689-2719.

[81] 张思进, 文桂林, 王紧业, 等. 碰振准哈密顿系统局部亚谐轨道的 Mel'nikov 方法[J]. 振动工程学报, 2016, 29(2): 214-219.

[82] FENG J Q, LIU J L. Chaotic dynamics of the vibro-impact system under bounded noise perturbation[J]. Chaos Solitons and Fractals, 2015, 73: 10-16.

[83] NORDMARK A B. Universal limit mapping in grazing bifurcations[J]. Physical Review E, 1997, 55(1): 266-270.

[84] DANKOWICZ H, NORDMARK A B. On the origin and bifurcations of stick-slip oscillations[J]. Physica D: Nonlinear Phenomena, 2000, 136(34): 280-302.

[85] 秦志英, 陆启韶. 非光滑分岔的映射分析[J]. 振动与冲击, 2009, 28(6):79-81.

[86] MIAO P C, LI D H, YUE Y,et al. Chaotic attractor of the normal form map for grazing bifurcations of impact oscillators[J]. Physica D: Nonlinear Phenomena, 2019, 398: 164-170.

[87] LUO G W, CHU Y D, ZHANG Y L,et al. Double Neimark-Sacker bifurcation and torus bifurcation of a class of vibratory systems with symmetrical rigid stops[J]. Journal of Sound and Vibration, 2006, 298(1): 154-179.

[88] LUO G W, XIE J H, ZHU X F, et al. Periodic motions and bifurcations of a vibro-impact system[J]. Chaos, Solitons and Fractals, 2008, 36(5): 1340-1347.

[89] 金俐, 陆启韶, 王琪. 非光滑动力系统 Floquet 特征乘子的计算方法[J]. 应用力学学报, 2004, 21(3): 21-26.

[90] CAO Q J, WIERCIGROCH M, PAVLOVSKAIA E E,et al. The limit case response of the archetypal oscillator for smooth and discontinuous dynamics[J]. International Journal of Non-Linear Mechanics, 2008, 43(6): 462-473.

[91] WANG L, XU W, LI Y. Impulsive control of a class of vibro-impact systems[J]. Physics Letters A, 2008, 372(32): 5309-5313.

[92] WANG L, XU W, LI Y. Dynamical behaviour of a controlled vibro-impact system[J]. Chinese Physics B, 2008, 17(7): 2446-2450.

[93] 白争锋, 赵阳, 田浩. 柔性多体系统碰撞动力学研究[J]. 振动与冲击, 2009, 28(6): 75-78.

[94] ZHANG H G, ZHANG Y X, LUO G W. Basins of coexisting multi-dimensional tori in a vibro-impact system[J]. Nonlinear Dynamics, 2015, 79(3): 2177-2185.

[95] XIE J H, DING W C. Hopf-Hopf bifurcation and invariant torus T2 of a vibro-impact system[J]. International Journal of Non-Linear Mechanics, 2005, 40(4): 531-543.

[96] FRITZKOWSKI P, AWREJCEWICZ J. Near-resonant dynamics, period doubling and chaos of a 3-DOF vibro-impact system[J]. Nonlinear Dynamics, 2021, 106(1): 81-103.

[97] EYRES R D, PIIROINEN P T, CHAMPNEYS A R,et al. Grazing bifurcations and chaos in the dynamics of a hydraulic damper with relief valves[J]. SIAM Journal on Applied Dynamical Systems, 2005, 4(4): 1075-1106.

[98] HOS C J, CHAMPNEYS A R, PAUL K,et al. Dynamic behaviour of direct spring loaded pressure relief valves connected to inlet piping: Ⅳ review and recommendations[J]. Journal of Loss Prevention in the Process Industries, 2017, 48: 270-288.

[99] WAGG D J. Rising phenomena and the multi-sliding bifurcation in a two-degree of freedom impact oscillator[J]. Chaos Solitons and Fractals, 2004, 22(3): 541-548.

[100] WEN G L, YIN S, XU H D,et al. Analysis of grazing bifurcation from periodic motion to quasi-periodic motion in impact-damper systems[J]. Chaos, Solitons and Fractals, 2016, 83: 112-118.

[101] YIN S, WEN G L, SHEN Y K,et al. Instability phenomena in impact damper system: From quasi-periodic motion to period-three motion[J]. Journal of Sound and Vibration, 2017, 391: 170-179.

[102] YIN S, JI J C, WEN G L. Complex near-grazing dynamics in impact oscillators[J]. International Journal of Mechanical Sciences, 2019, 156: 106-122.

[103] YIN S, WEN G L, JI J C,et al. Novel two-parameter dynamics of impact oscillators near degenerate grazing points[J]. International Journal of Non-Linear Mechanics, 2020, 120: 103403.

[104] DUONG T H, NGUYEN V D, NGUYEN H C,et al. A new design for bidirectional autogenous mobile systems with two-side drifting impact oscillator[J]. International Journal of Mechanical Sciences, 2018, 140: 325-338.

[105] SERDUKOVA L, KUSKE R, YURCHENKO D. Stability and bifurcation analysis of the period-T motion of a vibroimpact energy harvester[J]. Nonlinear Dynamics, 2019, 98(3): 1807-1819.

[106] SERDUKOVA L, KUSKE R, YURCHENKO D. Post-grazing dynamics of a vibro-impacting energy generator[J]. Journal of Sound and Vibration, 2020, 492: 115811.

[107] VIJAYAN K, FRISWELL M I, KHODAPARAST H H,et al. Non-linear energy harvesting from coupled impacting beams[J]. International Journal of Mechanical Sciences, 2015, 96/97: 101-109.

[108] STEPANENKO Y, SANKAR T S. Vibro-impact analysis of control systems with mechanical clearance and its application to robotic actuators[J]. Journal of Dynamic Systems Measurement and Control, 1986, 108(1): 312-318.

[109] MENDES R V, VAZQUEZ L. The dynamical nature of a backlash system with and without fluid friction[J]. Nonlinear Dynamics, 2007, 47(4): 363-366.

[110] MOSS S, BARRY A, POWLESLAND I,et al. A low profile vibroimpacting energy harvester with symmetrical stops[J]. Applied Physics Letters, 2010, 97(23): 234101.

[111] LIU Y B, WANG Q, XU H D. Bifurcations of periodic motion in a three-degree-of-freedom vibro-impact system with clearance[J]. Communications in Nonlinear Science and Numerical Simulation, 2017, 48: 1-17.

[112] ZHURAVLEV V F. A method for analyzing vibration impact systems by means of special functions[J]. Mechanics of Solids, 1976, 11: 23-27.

[113] 吴禹. 泊松白噪声激励下几类非线性系统的响应与可靠性[D]. 杭州: 浙江大学, 2008.

[114] GU X D, ZHU W Q. A stochastic averaging method for analyzing vibro-impact systems under Gaussian white noise excitations[J]. Journal of Sound and Vibration, 2014, 333(9): 2632-2642.

[115] ZHU H T. Stochastic response of vibro-impact Duffing oscillators under external and parametric Gaussian white noises[J]. Journal of Sound and Vibration, 2014, 333(3): 954-961.

[116] ZHU H T. Probabilistic solution of vibro-impact stochastic Duffing systems with a unilateral non-zero offset barrier[J]. Physica A: Statistical Mechanics and its Applications, 2014, 410: 335-344.

[117] KUMAR P, NARAYANAN S, GUPTA S. Bifurcation analysis of a stochastically excited vibro-impact Duffing-Van der Pol oscillator with bilateral rigid barriers[J]. International Journal of Mechanical Sciences, 2016, 127: 103-117.

[118] KUMAR P, NARAYANAN S. Chaos and bifurcation analysis of stochastically excited discontinuous nonlinear oscillators[J]. Nonlinear Dynamics, 2020, 102(3):1-24.

[119] CHEN L, ZHU H S, SUN J Q. Novel method for random vibration analysis of single-degree-of-freedom vibro-impact systems with bilateral barriers[J]. Applied Mathematics and Mechanics (English Edition),

2019, 40(12): 67-84.

[120] QIAN J M, CHEN L C. Random vibration of SDOF vibro-impact oscillators with restitution factor related to velocity under wide-band noise excitations[J]. Mechanical Systems and Signal Processing, 2021, 147: 107082.

[121] HAN P, WANG L, XU W,et al. The stochastic P-bifurcation analysis of the impact system via the most probable response[J]. Chaos Solitons and Fractals, 2021, 144(3): 110631.

[122] SU M, XU W, ZHANG Y,et al. Response of a vibro-impact energy harvesting system with bilateral rigid stoppers under Gaussian white noise[J]. Applied Mathematical Modelling, 2021, 89: 991-1003.

[123] FANG T, LENG X L, SONG C Q. Chebyshev polynomial approximation for dynamical response problem of random system[J]. Journal of Sound and Vibration, 2003, 266(1): 198-206.

[124] MA S J, XU W, JIN Y F,et al. Symmetry-breaking bifurcation analysis of stochastic Van der Pol system via Chebyshev polynomial approximation[J]. Communications in Nonlinear Science and Numerical Simulation, 2007, 12(3): 366-378.

[125] 孙晓娟. 基于 Chebyshev 正交多项式逼近法分析含有界随机参数系统的分岔和混沌现象[D]. 西安: 西北工业大学, 2006.

[126] 杨贵东. 一类典型碰撞振动系统的随机动力学研究[D]. 西安: 西北工业大学, 2015.

[127] 李超. 一类碰撞振动系统的响应研究[D]. 西安: 西北工业大学, 2015.

[128] REN Z C, XU W, ZHANG S. Reliability analysis of nonlinear vibro impact systems with both randomly fluctuating restoring and damping terms[J]. Communications in Nonlinear Science and Numerical Simulation, 2019, 82: 105097.

[129] 刘曾荣. 混沌的微扰判据[M]. 上海: 上海科技教育出版社, 1994.

[130] WIGGINS S. Global Bifurcations and Chaos: Analytical Methods[M]. New York: Springer, 1988.

[131] SANO M, SAWADA Y. Measurement of the Lyapunov spectrum from a chaotic time series[J]. Physical Review Letters, 1985, 55(10): 1082-1085.

[132] BROWN R, BRYANT P, ABARBANEL H D I. Computing the Lyapunov spectrum of a dynamical system from an observed time series[J]. Physical Review A, 1991, 43(6): 2797-2806.

[133] MÜLLER P C. Calculation of Lyapunov exponents for dynamical systems with discontinuities[J]. Chaos, Solitons and Fractals, 1995, 5(9): 1671-1681.

[134] LAMBA H, BUDD C J. Scaling of Lyapunov exponents at non-smooth bifurcations[J]. Physical Review E, 1994, 50(1): 84-90.

[135] STEFANSKI A, KAPITANIAK T. Estimation of the dominant Lyapunov exponent of non-smooth systems on the basis of maps synchronization[J]. Chaos, Solitons and Fractals, 2003, 15(1): 233-244.

[136] 朱位秋. 非线性随机动力学与控制：Hamilton 理论体系框架[M]. 北京: 科学出版社, 2003.

[137] 朱位秋, 蔡国强. 随机动力学引论[M]. 北京: 科学出版社, 2017.

[138] 韩群. 广义胞映射方法在随机响应和离出问题中的应用研究[D]. 西安: 西北工业大学, 2017.

[139] PRADLWARTER H J, SCHUELLER G I. On advanced Monte Carlo simulation procedures in stochastic structural dynamics[J]. International Journal of Non-Linear Mechanics, 1997, 32(4): 735-744.

[140] RUBINSTEIN R Y, KROESE D P. Simulation and the Monte Carlo Method[M]. New York: John Wiley & Sons, 2007.

[141] IWANKIEWICZ R, NIELSEN S R K. Dynamic response of non-linear systems to renewal impulse by path integration[J]. Journal of Sound and Vibration, 1996, 195(2): 175-193.

[142] PAOLA M D, SANTORO R. Path integral solution for non-linear system enforced by Poisson white noise[J]. Probabilistic Engineering Mechanics, 2008, 23(2): 164-169.

[143] ZAN W R, XU Y, METZLER R,et al. First-passage problem for stochastic differential equations with

combined parametric Gaussian and Levy white noises via path integral method[J]. Journal of Computational Physics, 2021, 195(2): 175-193.

[144] HSU C S. A generalized theory of cell-to-cell mapping for nonlinear dynamical systems[J]. Journal of Applied Mechanics-Transaction of the ASME, 1981, 48(3): 634.

[145] SUN J Q, HSU C S. The generalized cell mapping method in nonlinear random vibration based upon short-time Gaussian approximation[J]. Journal of Applied Mechanics-Transaction of the ASME, 1990, 57(4): 1018-1025.

[146] 岳晓乐. 一类高效胞映射方法及其在动力系统中的应用研究[D]. 西安: 西北工业大学, 2012.

[147] HONG L, JIANG J, SUN J Q. Response analysis of fuzzy nonlinear dynamical systems[J]. Nonlinear Dynamics, 2014, 78(2): 1221-1232.

[148] EASON R P, DICK A J. A parallelized multi-degrees-of-freedom cell mapping method[J]. Nonlinear Dynamics, 2014, 77(3): 467-479.

[149] ERAZO C, HOMER M E, PIIROINEN P T,et al. Dynamic cell mapping algorithm for computing basins of attraction in planar filippov systems[J]. International Journal of Bifurcation and Chaos, 2017, 27(12): 1730041.

[150] YUE X L, XU Y, XU W,et al. Probabilistic response of dynamical systems based on the global attractor with the compatible cell mapping method[J]. Physica A: Statistical Mechanics and its Applications, 2019, 516: 509-519.

[151] 朱位秋. 随机振动[M]. 北京: 科学出版社, 1998.

[152] YUE X L, XU W, JIA W T,et al. Stochastic response of a $\phi 6$ oscillator subjected to combined harmonic and Poisson white noise excitations[J]. Physica A: Statistical Mechanics and its Applications, 2013, 392(14): 2988-2998.

[153] PIRROTTA A, SANTORO R. Probabilistic response of nonlinear systems under combined normal and Poisson white noise via path integral method[J]. Probabilistic Engineering Mechanics, 2011, 26(1): 26-32.

[154] HUANG Z L, ZHU W Q, NI Y Q. Stochastic averaging of strongly non-linear oscillators under bounded noise excitation[J]. Journal of Sound and Vibration, 2002, 254(2): 245-267.

[155] SPANOS P T D. ARMA algorithms for ocean wave modeling[J]. Journal of Energy Resources Technology-Transactions of the ASME, 1983, 105(3): 300-309.

[156] CHAI W, NAESS A, LEIRA B J. Filter models for prediction of stochastic ship roll response[J]. Probabilistic Engineering Mechanics, 2015, 41: 104-114.

[157] CHAI W, NAESS A, LEIRA B J. Stochastic dynamic analysis and reliability of a vessel rolling in random beam seas[J]. Journal of Ship Research, 2015, 59(2): 113-131.

[158] GUO Q, SUN Z K, XU W. The properties of the anti-tumor model with coupling non-Gaussian noise and Gaussian colored noise[J]. Physica A: Statistical Mechanics and its Applications, 2016, 449: 43-52.

[159] CHEN J B, JIE L. A note on the principle of preservation of probability and probability density evolution equation[J]. Probabilistic Engineering Mechanics, 2009, 24(1): 51-59.

第 3 章

基于 GCM 方法的摩擦振子随机响应

3.1 引　言

　　航天器设计过程中需要使用可展开的结构来减小航天器的包装体积，如附属机械臂、通信天线等[1]。这些设备都包含结合关节和闩锁机构，其结构响应是复杂的非光滑摩擦运动，并且常常受到随机扰动的影响，从而对机械构件产生一些不利甚至破坏性的影响。因此，对这类摩擦系统响应分析显得尤为关键。利用概率密度函数分析响应过程是一种常用的方式。根据响应时长，概率密度响应可分为瞬态响应和稳态响应[2]。瞬态响应会随着时间的变化而产生变化，并且与系统的初始概率密度分布有关，不同的初始位置可能得到不同的随机响应过程。当响应时间足够长时，系统会进入稳态响应阶段，此时系统的响应过程不依赖于初值的选取，并且其拓扑结构会呈现较为稳定的形态。当系统某些参数变化时，系统稳态响应形状可能会发生变化，这表明在系统参数的诱导下出现了随机 P 分岔现象[3]。随机 P 分岔是一种维象分岔，一般通过系统稳态概率密度的拓扑结构发生的变化，如峰的个数、峰值的位置、形状等特征判断随机 P 分岔现象是否出现。目前，针对非光滑随机系统，学者们提出了一些有效的解析方法进行响应求解，这在第 2 章中已经详细介绍。但与此同时也发现，解析方法常常难以应用，因而需要发展一种高效的数值方法。GCM 方法作为一种高效方便的数值方法，在光滑随机动力系统的概率密度响应研究中有着较好的应用。

　　Duffing 振子用于飞行器结构工程问题中，具有广泛代表性。例如，Dowell[4]利用该振子分析了超音速气流中壁板的非线性颤振问题。Chen 等[5]对具有 Duffing 非线性的空间工程机电一体化系统提出了一种通用的输入成型器设计方法，提高了机电一体化系统的性能，抑制振动。本章以两种不同摩擦力作用下的 Duffing 振子为例，考虑 GCM 理论在求解非光滑摩擦系统概率密度响应中的应用。针对摩擦力作用下的 Duffing 振子，在不进行任何近似摩擦变换的基础上，对系统进行状态空间的离散划分，通过统计随机样本轨迹在不同离散间隔内的转移概率，建立一步转移概率。然后利用给定的初始概率分布，结合马尔可夫理论，得到系统在间隔周期时间内的瞬态概率密度和足够长时间后的稳态概率密度，并分析随机摩擦 Duffing 系统稳态响应在参数变化过程中出现的 P 分岔现象。

3.2　不同类型摩擦振子随机响应分析

考虑图 3-1 所示的一个随机激励下的摩擦系统模型。该模型的动力学方程可以表示为[6]

$$\ddot{x} + \alpha \dot{x} + \kappa x + \mu x^3 + F(x, \dot{x}) = \xi(t) \tag{3-1}$$

式中，x、$\dot{x}$ 和 $\ddot{x}$ 分别是位移、速度和加速度；α 是阻尼系数；κ、μ 分别是线性刚度系数和非线性刚度系数；$F(x, \dot{x})$ 是摩擦力模型；$\xi(t)$ 是高斯白噪声，满足式(3-2)：

$$E\big[\xi(t)\big] = 0, \quad E\big[\xi(t)\xi(t+\tau)\big] = 2\sigma\delta(\tau) \tag{3-2}$$

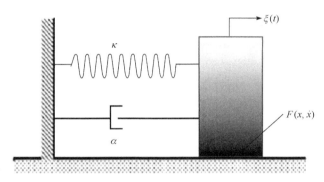

图 3-1　随机激励下的摩擦系统模型

对于上述模型，引入第 2 章介绍的 GCM 方法求解其随机概率密度响应。假设 Ω 为系统所选择的感兴趣区域，将二维系统平均分成 $N_\mathrm{c} = N_1 \times N_\mathrm{w}$ 个小的间隔，每一个间隔称为一个胞。若所有小胞用从 1 到 N 的整数表示，就可以建立胞状态空间，而在胞状态空间外的胞统称为陷胞。

在划分好胞状态空间后，建立一步转移矩阵。对于 Ω 中的某一个胞 j，可以均匀选取 N_j 个样本点。从每个样本点生成 s 条随机轨迹，所以胞 j 共产生 $\bar{N}_j = sN_j$ 条随机轨迹。假设在一步转移时间后，胞 j 落到胞 i 的样本点为 N_i，那么从胞 j 到胞 i 的一步转移概率为 $p_{ij} = N_i / \bar{N}_j$，并且有 $\sum_i N_i = \bar{N}_j$ 和 $\sum_i p_{ij} = 1$。因此，就可以构建出由元素 $p_{ij}(1 \leqslant i \leqslant N, 1 \leqslant j \leqslant N)$ 组成的一步转移概率矩阵 P。

在得到一步转移概率矩阵后，利用式(2-42)，便可以得到任意转移时间后的瞬态概率密度响应和稳态概率密度响应。

下面将通过 Coulomb 摩擦模型和 Dahl 摩擦模型来分析图 3-1 模型的随机动力学行为。

3.2.1　Coulomb 摩擦模型

考虑图 3-1 中 $F(x, \dot{x})$ 为 Coulomb 摩擦力，式(3-1)可以改写为

$$\ddot{x} + \alpha \dot{x} + \kappa x + \mu x^3 + f_\mathrm{C}\, \mathrm{sgn}(\dot{x}) = \xi(t) \tag{3-3}$$

令 $\dot{x} = y$，有

$$\begin{cases} \dot{x} = y \\ \dot{y} = \xi(t) - \alpha y - \kappa y - \mu y^3 - f_C \operatorname{sgn}(y) \end{cases} \tag{3-4}$$

式中，f_C 表示摩擦系数，其取值正负代表不同的摩擦力方向；$\operatorname{sgn}(\cdot)$ 表示符号函数。选择系统参数为 $\alpha = 1$，$\kappa = 0.01$，$\mu = 0.01$。考虑运用 GCM 方法计算该系统的瞬态概率密度响应和稳态概率密度响应。选取状态空间的划分区域为 $\Omega = \{-3 \leqslant x \leqslant 3, -3 \leqslant y \leqslant 3\}$。对于此二维系统，将其划分为 50×50 个小间隔块，并且从每一个间隔块中选择 2000 个样本。因此，对于选定的区域，共计 5000000 个样本，用来得到一步转移概率矩阵。MC 模拟选取相同的样本数来说明 GCM 方法的有效性。利用式(2-42)可以计算得到位移 x 和速度 y 的概率密度响应。在瞬态响应分析中，选择不动点 $(x, y) = (0, 0)$ 作为初始时刻，其对应的初始概率分布 $p_1(0) = 1$。

对于噪声强度为 0 的确定性系统，可以利用离散状态空间得到稳定的吸引子、吸引域和鞍点等全局特征。根据常微分动力系统的相关知识[7]可知，系统内的某条轨线在足够长时间后会落在某个不变集上或者发散。因此，对于不受噪声影响的确定性系统，在划分好的离散间隔区间内，通过迭代遍历所有间隔块，在系统达到稳态后，轨线最终落在某个不变集上。这个不变集由某一个或某几个间隔块组成，从而确定系统的吸引子，轨线经过的间隔块组成相应的吸引域。对于鞍点，由于其具有不稳定的特性，可以通过判断轨线在一定时间后落入某一个或某几个间隔并在停留后离开该区域来确定。因此，选取 $f_C = -0.02$，图 3-2 展示了确定性摩擦系统在周期庞加莱截面上的全局特征图，此时系统存在一个不稳定不动点 $(0, 0)$ 和一个极限环。

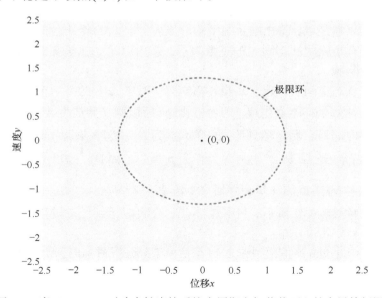

图 3-2　当 $f_C = -0.02$ 时确定性摩擦系统在周期庞加莱截面上的全局特征图

当外激高斯白噪声强度为 0.01 时，系统受到随机扰动。对于瞬态响应过程，考虑在不同 t_m 时刻，位移 x 和速度 y 的瞬态边缘概率密度响应变化，如图 3-3 所示。从图中可以看出，当 $t_m = 10$ 时，响应时间较短，其概率密度存在一个峰值，且峰值位于不动点(0, 0)附近。随着响应时间 t_m 的增加，瞬态边缘概率密度响应峰值开始下降，并且出现双峰的形式，说明此时瞬态边缘概率密度响应分布逐渐向极限环演化。继续增大 t_m 到稳态时，系统边缘概率密度响应分布有明显的双稳态峰值，对应确定性全局特征图的极限环状态。图 3-3 中用不同的点形状标记给出了蒙特卡洛(MC)模拟结果，可以看出与 GCM 方法得到的结果拟合较好，说明 GCM 方法的准确性。

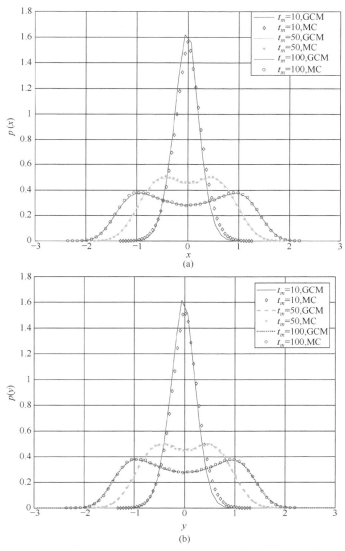

图 3-3　当 $f_c = -0.02$ 时系统(3-4)瞬态边缘概率密度响应

线形均为 GCM 方法结果，点形均为 MC 模拟结果

(a)位移 x 随迭代时间变化时的瞬态边缘概率密度响应；(b)速度 y 随迭代时间变化时的瞬态边缘概率密度响应

对于稳态响应，图 3-4 和图 3-5 所示的是在不同的摩擦系数 f_C 下 x 和 y 的稳态边缘概率密度响应和稳态联合概率密度响应。可以看出随着摩擦系数 f_C 的不断增大，系统概率密度响应的拓扑结构发生了本质的变化。在 f_C 逐渐变化的过程中，无论是位移 x，还是速度 y 的稳态边缘概率密度，都由双峰变成了单峰，这说明系统发生了随机 P 分岔现象，从而对系统的稳定性产生影响。其中，当 $f_C = 0$ 时，表示系统没有受到摩擦力作用，其稳态概率

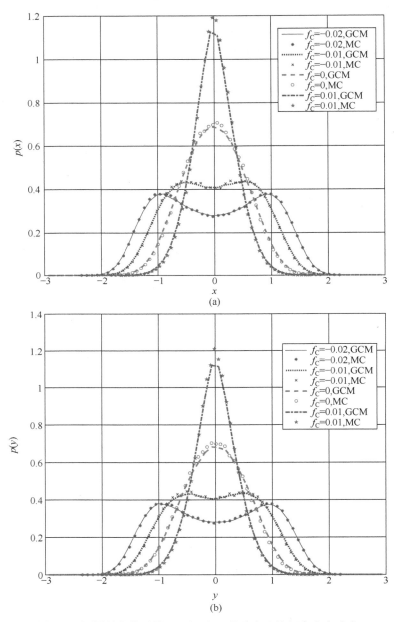

图 3-4　不同的摩擦系数 f_C 下 x 和 y 的稳态边缘概率密度响应

(a) 位移 x 的稳态边缘概率密度响应；(b) 速度 y 的稳态边缘概率密度响应

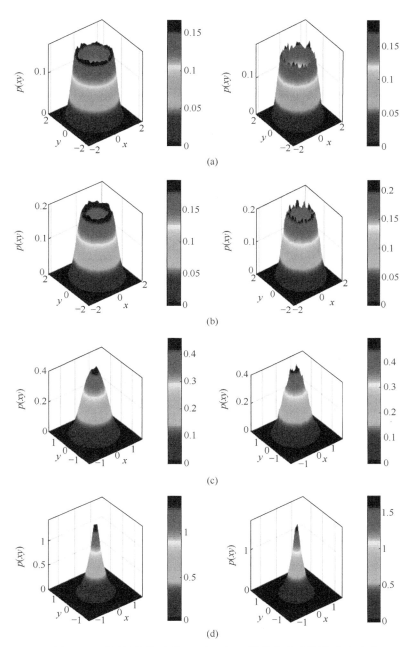

图 3-5　不同的摩擦系数 f_C 下 x 和 y 的稳态联合概率密度响应

左侧均为 GCM 方法结果，右侧均为 MC 模拟结果

(a) $f_C = -0.02$；(b) $f_C = -0.01$；(c) $f_C = 0.0$；(d) $f_C = 0.01$

密度函数较为平稳；当 $f_C > 0$ 时，稳态概率密度函数的峰值陡然增高；当 $f_C < 0$ 时，系统出现双稳态结构。图 3-5 则是不同 f_C 对应的稳态联合概率密度，同样随着 f_C 的不断变化，其稳态响应由火山口的环形柱状图逐渐演变成圆锥形柱状图，表明发生 P 分岔现象。从图 3-4 和

图 3-5 中可以看出 GCM 方法和 MC 模拟有着很好的吻合，因此 GCM 方法可以用来计算这类非光滑摩擦系统的随机动力学响应。表 3-1 是不同 f_C 取值时系统(3-4)在两种方法下的稳态概率密度响应计算时间的对比，GCM 方法的计算时间比 MC 模拟的计算时间有着明显的优势。

表 3-1　不同 f_C 取值时系统(3-4)在两种方法下的稳态概率密度响应计算时间

f_C 取值	−0.02	−0.01	0.00	0.01
GCM 方法	249.7s	252.4s	248.2s	260.9s
MC 模拟	54208.2s	54036.7s	54912.7s	55610.5s

接下来，若给系统(3-4)施加一个外部激励 $F\cos(\omega t)$ ，则系统表示为

$$\begin{cases} \dot{x} = y \\ \dot{y} = F\cos(\omega t) + \xi(t) - \alpha y - \kappa x - \mu x^3 - f_C\,\mathrm{sgn}(y) \end{cases} \tag{3-5}$$

考虑系统外激频率 ω 变化时，对系统稳态概率密度响应的影响。固定 $f_C = -0.02$ ，$F = 0.3$ ，在 ω 从 0～1 变化范围内分别选择 $\omega = 0.50$、0.80 和 0.90，得到图 3-6 和图 3-7 展示的 x 和 y 的稳态边缘概率密度响应和稳态联合概率密度响应。在图 3-4 中，当系统不存在外部谐和激励时，稳态响应呈现关于中心对称的双峰结构。当存在外部谐和激励时，对比无外激情形，可以发现，随着 ω 的逐渐增大，图 3-6 中的稳态边缘概率密度响应都由双峰逐渐变为单峰。对于 x 的稳态边缘概率密度响应，在 ω 较小时，其双峰不再关于原点对称，并且其概率密度峰值有着明显的偏移。图 3-6(b)中 y 的稳态边缘概率密度响应，随着 ω 的逐渐增大，概率密度分布逐渐集中于 $y = 0$ 附近。图 3-7 给出了两种方法分别得到的稳态联合概率密度响应结果。从图中可以看出，GCM 方法和 MC 模拟结果保持一致，随着 ω 的变化，稳态联合概率密度响应结构都由火山口形状逐渐变成一个单峰结构，进一步说明了随机 P 分岔现象的存在。因此，数值结果表明，外激频率达到一定数值时可以导致系统由双稳态结构变为单稳态结构，并且其最大可能性响应位置有着明显变化。

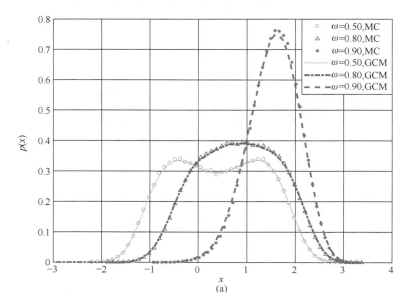

(a)

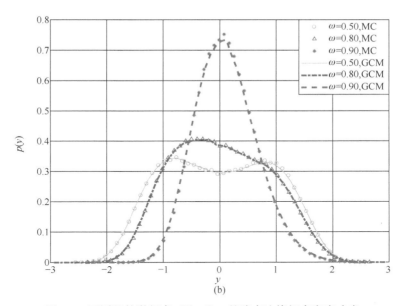

图 3-6 不同的外激频率 ω 下 x 和 y 的稳态边缘概率密度响应

(a) 位移 x 的稳态边缘概率密度响应；(b) 速度 y 的稳态边缘概率密度响应

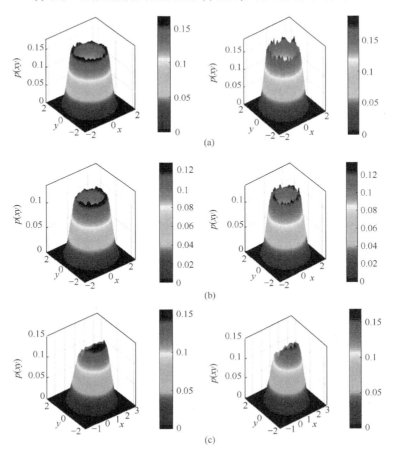

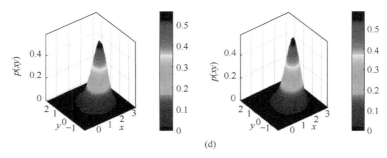

(d)

图 3-7 不同的外激频率 ω 下 x 和 y 的稳态联合概率密度响应

左侧均为 GCM 方法结果，右侧均为 MC 模拟结果

(a) 无外激情形；(b) $\omega = 0.50$；(c) $\omega = 0.80$；(d) $\omega = 0.90$

3.2.2 Dahl 摩擦模型

考虑图 3-1 中 $F(x,\dot{x})$ 为 Dahl 摩擦力，则系统(3-4)可以表示为

$$\begin{cases} \ddot{x} + \alpha\dot{x} + \kappa x + \mu x^3 + \lambda f_D = \xi(t) \\ \dot{f}_D = \dot{x} - \dfrac{\lambda|\dot{x}|}{f_C}x \end{cases} \tag{3-6}$$

式中，λf_D 为 Dahl 摩擦力。定义 $z = f_D$，系统(3-6)改写为

$$\begin{cases} \dot{x} = y \\ \dot{y} = \xi(t) - \alpha y - \kappa x - \mu x^3 - \lambda z \\ \dot{z} = y - \dfrac{\lambda|y|}{f_C}x \end{cases} \tag{3-7}$$

对于系统(3-7)，选择固定参数 $\kappa = 0.02$，$\mu = 1$，$f_C = 0.05$，$\lambda = 0.06$ 时，首先研究不同的阻尼系数 α 对于系统稳态概率密度响应的影响。利用 GCM 方法，将区域 $\Omega = \{-2 \leqslant x \leqslant 2, -2 \leqslant y \leqslant 2\}$ 划分为 50×50 的离散间隔状态空间。同样从每一个小间隔块内选择 2000 个样本进行迭代计算，经过一个迭代周期后，可以建立一个由 5000000 个样本轨迹组成的一步转移概率矩阵。MC 模拟选择同样的数据用于与 GCM 方法结果比较。图 3-8 和图 3-9 分别刻画了在可变阻尼系数 α 情况下，两种方法得到的 x 和 y 的稳态概率密度响应。图 3-8 中，不同类型的线分别表示 $\alpha = 0.5$，0.0，-0.5，-1.0 时的稳态边缘概率密度响应。在图 3-8(a)中，当 $\alpha = 0.5$ 时，关于 x 的稳态边缘概率密度响应呈现单峰结构，随着 α 的继续增大，其峰值开始下降，而当 $\alpha = -0.5$ 时，稳态边缘概率密度响应出现双峰，并且当 $\alpha = -1.0$ 时，有着明显的对称双峰结构，说明系统由单稳态结构变成双稳态结构，其稳定性发生本质变化。然而在图 3-8(b)中，无论 α 如何变化，关于 y 的稳态边缘概率密度响应并没有明显的结构变化，仍然保持单峰状态，这说明 α 并未对 y 产生强烈的影响。图 3-9 表示对应不同 α 的稳态联合概率密度响应，其中左侧是 GCM 方法结果，右侧是 MC 模拟结果。可以发现，两种方法得到的结果基本相同。图 3-9 同样可以看出随着阻尼系数 α 的不断增大，系统由单峰逐渐演变成双峰，出现了随机 P 分岔现象。表 3-2 给出了不同 α 取值时系统(3-7)在两种方法下的稳态概率密度响应计算时间对比，GCM 方法的优势显而易见。

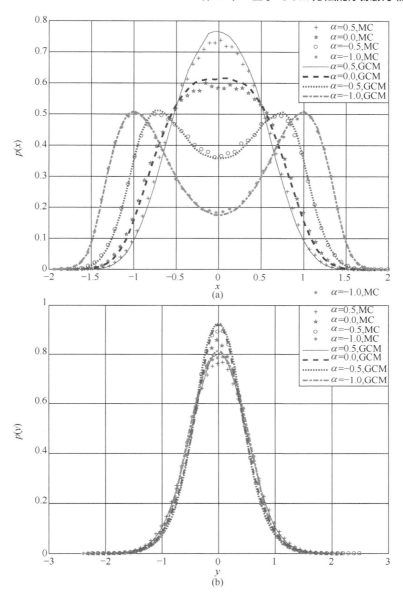

图 3-8　不同的阻尼系数 α 下 x 和 y 的稳态边缘概率密度响应

(a) 位移 x 的稳态边缘概率密度响应；(b) 速度 y 的稳态边缘概率密度响应

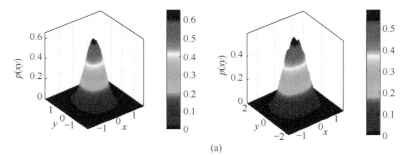

(a)

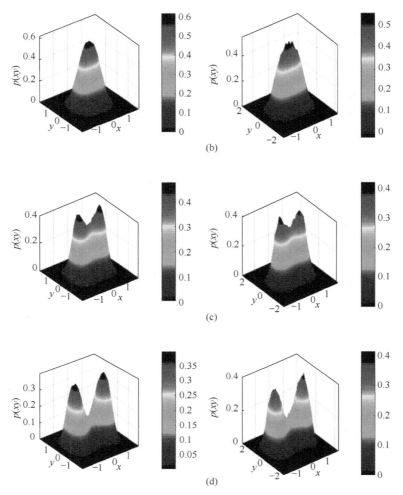

图 3-9　不同的阻尼系数 α 下 x 和 y 的稳态联合概率密度响应
左侧均为 GCM 方法结果，右侧均为 MC 模拟结果
(a) $\alpha = 0.5$ ；(b) $\alpha = 0.0$ ；(c) $\alpha = -0.5$ ；(d) $\alpha = -1.0$

表 3-2　不同 α 取值时系统(3-7)在两种方法下的稳态概率密度响应计算时间

α 取值	0.5	0.0	−0.5	−1.0
GCM 方法	248.4s	246.0s	240.5s	243.2s
MC 模拟	80670.1s	78120.2s	77960.4s	77420.8s

　　固定参数 $\alpha = 0.5$，考虑摩擦参数 λ 对系统的影响。图 3-10 展示了在相同的间隔状态空间时，不同的摩擦参数 λ 下 x 和 y 的稳态边缘概率密度响应的演化过程。可以看出随着 λ 的不断减小，稳态边缘概率密度响应峰值不断下降，其分布更加均匀，但并未有拓扑结构的变化，说明此时系统并未出现随机 P 分岔现象。摩擦力的存在，使得系统更加趋于稳定的不动点。

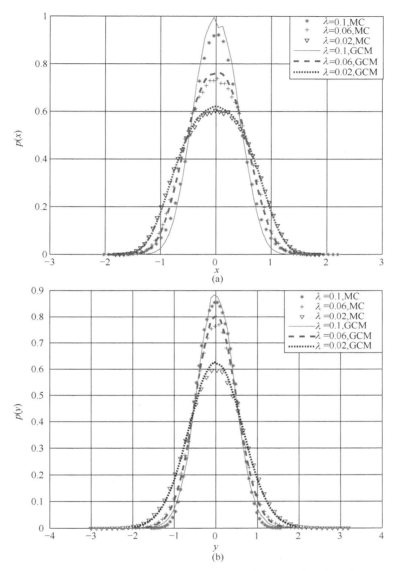

图 3-10　不同的摩擦参数 λ 下 x 和 y 的稳态边缘概率密度响应

(a) 位移 x 的稳态边缘概率密度响应；(b) 速度 y 的稳态边缘概率密度响应

3.3　本章小结

　　飞行器结构中存在相对摩擦运动，本章研究了机械结构中 Duffing 摩擦振子的瞬态随机响应和稳态随机响应。利用 GCM 方法，得到了不同摩擦力模型下系统位移和速度的稳态概率密度。摩擦力作为一种非光滑因素，对于随机系统的稳态性会产生明显影响。具体结论包括：

　　(1) 在未对非光滑摩擦系统进行任何变换的情况下，通过与蒙特卡洛模拟得到的结果比较，说明 GCM 方法可以用于此类系统的瞬态响应和稳态响应分析，并且 GCM 方法在计算时间上有着明显的优势。

(2) 对于 Coulomb 摩擦模型，在摩擦系数 f_C 变化时，稳态边缘概率密度会出现由双峰变单峰，稳态联合概率密度由环形火山口形状变为圆锥形的拓扑结构变化，说明系统在 Coulomb 摩擦系数作用下，发生随机 P 分岔现象。在给系统施加外部激励后，外激频率在达到一定取值后，会诱导系统的稳态结构发生本质变化，并且影响其最大可能性响应出现的位置。

(3) 对于 Dahl 摩擦模型，分析了阻尼系数 α 和摩擦参数 λ 对系统稳态响应的影响。当 α 逐渐减小时，系统稳态边缘概率密度响应和稳态联合概率密度响应由单峰变为双峰，存在随机 P 分岔现象。当 λ 变化时，稳态边缘概率密度响应并没有明显的拓扑结构变化，说明此时系统并未有随机 P 分岔出现。

本章算例都说明 GCM 方法可在保留非光滑性的基础上，计算摩擦力作用下的随机机械振动系统的动力学概率响应，对实际工程分析具有一定意义。

参 考 文 献

[1] HACHKOWSKI M R, PETERSON L D, LAKE M S. Friction model of a revolute joint for a precision deployable spacecraft structure[J]. Journal of Spacecraft and Rockets, 1999, 36(4): 591-598.

[2] 韩群. 广义胞映射方法在随机响应和离出问题中的应用研究[D]. 西安: 西北工业大学, 2017.

[3] WANG L, XUE L L, XU W, et al. Stochastic P-bifurcation analysis of a fractional smooth and discontinuous oscillator via the generalized cell mapping method[J]. International Journal of Non-Linear Mechanics, 2017, 96: 56-63.

[4] DOWELL E H. Nonlinear oscillations of a fluttering plate[J]. AIAA Journal, 1996, 4(7): 1267-1275.

[5] CHEN K S, YANG T S, OU K S, et al. Design of command shapers for residual vibration suppression in Duffing nonlinear systems[J]. Mechatronics: The Science of Intelligent Machines, 2009, 19(2): 184-198.

[6] MA S C, NING X, WANG L. Dynamic Analysis of stochastic friction systems using the generalized cell mapping method[J]. Computer Modeling in Engineering & Sciences, 2020, 122(1): 49-59.

[7] 陆启韶, 彭临平, 杨卓琴. 常微分方程与动力系统[M]. 北京: 北京航空航天大学出版社, 2010.

第4章

基于改进 GCM 方法的弹性碰撞振子随机响应

4.1 引　言

第 3 章讨论了 GCM 方法可用于求解具有一定非光滑特性的摩擦系统概率密度响应。弹性碰撞系统作为一类重要的非光滑系统，较摩擦系统有着更强的非光滑特性，并且同样在航天器结构中广泛存在。例如，机构中存在的弹性碰撞会对航天器安装的电子元件稳定性和精度产生巨大影响[1]。另外，航天器在轨操作过程中机构存在的间隙也会有弹性碰撞的出现[2]。

机构中的弹性碰撞振子考虑碰撞过程中接触面的弹性形变，将接触面看作由弹性恢复力和阻尼力构成，其动力学方程为

$$\boldsymbol{M}\ddot{\boldsymbol{x}} + \boldsymbol{C}\dot{\boldsymbol{x}} + \boldsymbol{K}\boldsymbol{x} + \boldsymbol{F}_e(\boldsymbol{x}, \dot{\boldsymbol{x}}) = \boldsymbol{F}(t) \tag{4-1}$$

式中，$\boldsymbol{x} = (x_1, x_2, \cdots, x_n)$；$\boldsymbol{M}$、$\boldsymbol{C}$ 和 $\boldsymbol{K}$ 分别是质量、阻尼和刚度矩阵；$\boldsymbol{F}(t)$ 是 n 维外部激励；$\boldsymbol{F}_e$ 是非线性弹簧阻尼接触力[3-4]，它可以表示成一个分段函数：

$$\boldsymbol{F}_e(\boldsymbol{x}, \dot{\boldsymbol{x}}) = \begin{cases} \boldsymbol{F}_1(\boldsymbol{x}, \dot{\boldsymbol{x}}), & x_1 \geqslant \Delta \\ \boldsymbol{F}_2(\boldsymbol{x}, \dot{\boldsymbol{x}}), & x_2 \leqslant \Delta \end{cases} \tag{4-2}$$

式中，Δ 是接触面的距离。

在随机激励的作用下，噪声扰动会对弹性碰撞振动系统产生重要的效应，特别是系统的稳态响应。因此，明确弹性碰撞机械系统在随机因素的影响下是否正常工作具有重要意义。对于在谐和周期激励下的随机碰撞系统，其 FPK 方程是非齐次的，系统不存在平稳 FPK 响应解[5]。因此，如何在不进行任何近似变化的情况下，利用数值方法分析这类系统的概率密度响应同样是一个值得思考的问题。

在第 3 章的结论中已给出 GCM 方法可以作为一种工具运用到非光滑摩擦系统的概率密度响应分析。本章将利用一个在谐和激励和随机激励共同扰动下的弹性碰撞振子，在保留系统非光滑弹性碰撞特性的基础上，开发一种能够计算弹性碰撞振子响应分析的GCM 方法。通过不同的系统参数充分验证方法的可行性。另外，结合对应的确定性系统

动力学特征，研究系统最大可能性响应与全局特性之间的关联。

4.2　弹性碰撞振子模型

考虑一个在外部的周期激励和随机激励下的弹性碰撞振子，其模型如图 4-1 所示。一个简化的质量块在外部的周期激励和随机激励的作用下往返运动，当位移达到一定距离时，质量块与接触面发生碰撞，并且假设质量块 m 和接触面 Δ 都被视为弹性体[6]。

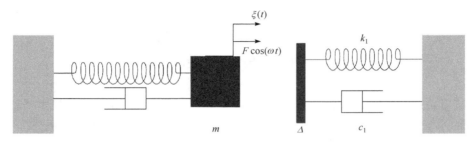

图 4-1　弹性碰撞振子模型

根据式(4-1)和式(4-2)，该二维随机弹性碰撞振子模型无量纲化后可以描述为

$$\ddot{x} + a_0\dot{x} + b_0 x + c_0 x^3 + gx^2\dot{x} + f_e(x,\dot{x}) = F\cos(\omega t) + \xi(t) \tag{4-3}$$

$$f_e(x,\dot{x}) = \begin{cases} k_1(x-\Delta) + c_1\dot{x}, & x = \Delta \\ 0, & x < \Delta \end{cases} \tag{4-4}$$

式中，$\xi(t)$ 为高斯白噪声，同样满足式(3-2)；$F\cos(\omega t)$ 为外部谐和激励，F 为外激振幅，ω 为外激频率。系统(4-4)表示弹性碰撞过程，其中 c_1 和 k_1 分别为接触面的阻尼系数和弹性系数。当 $x \geqslant \Delta$ 时，弹性碰撞发生。

4.3　谐和激励下弹性碰撞振动系统稳态概率密度响应 GCM 方法

当 $F \neq 0$ 时，弹性碰撞振动系统受到随机激励和外部谐和激励的共同作用。由于系统分段光滑特性的存在，在建立一步转移概率矩阵时，无法保证在外激周期时间内，系统满足马尔可夫性，因此不能直接使用 GCM 方法，但在外激周期力作用下的非自治系统可以表示为

$$\dot{x} = f(x, t, \xi(t)) = f(x, t+T, \xi(t)) \tag{4-5}$$

对于系统(4-3)和系统(4-4)，提出以下策略，假设时间变量 t 为一个状态变量 τ，随机系统可以改写为

$$
\begin{cases}
\dot{x} = y \\
\dot{y} = F\cos(\omega\tau) - a_0 y - b_0 x - c_0 x^3 - g x^2 y - f_{\mathrm{e}}(x,y) + \xi(\tau) \\
\dot{\tau} = 1
\end{cases}
\tag{4-6}
$$

$$
f_{\mathrm{e}}(x,\dot{x}) = \begin{cases}
k_1(x-\Delta) + c_1\dot{x}, & x \geqslant \Delta \\
0, & x < \Delta
\end{cases}
\tag{4-7}
$$

接下来将考虑利用提出的 GCM 策略研究系统(4-6)、系统(4-7)在不同参数作用下的稳态概率密度响应。蒙特卡洛模拟结果同样可以用来说明 GCM 方法的准确性。对于系统(4-6)，首先选择区域 $\Omega = \{-3 \leqslant x \leqslant 3, -3 \leqslant y \leqslant 3, \tau\}$，并将其均匀地划分为 50×50 个小间隔块。接下来，在随机噪声激励下，每一个小间隔块产生 2000 个样本，用来构建一步转移概率矩阵。经过若干次迭代后得到稳态响应。

4.4　随机激励下 Duffing-Van der Pol 弹性碰撞振子稳态响应分析

对于系统(4-6)、系统(4-7)，固定参数为 $a_0 = -0.1$，$b_0 = -0.5$，$c_0 = 0.5$，$\Delta = 0$，以及外激振幅 $F = 0.23$，噪声强度为 0.02。下面分别考虑接触面阻尼系数 c_1、非线性参数 g 和外激频率 ω 变化时提出策略的有效性，以及确定性系统全局特性与最大可能性响应之间的关联。

4.4.1　接触面阻尼系数 c_1 的稳态响应

选择 $g = 0.1$、$\omega = 0.5$，考虑接触面阻尼系数 c_1 对系统响应的影响。当噪声强度 $D = 0$ 时，接触面阻尼系数 c_1 的分岔图如图 4-2 所示。图中 c_1 的范围为 $0.01 \sim 0.2$，从中选取四个值研究确定性系统响应的变化，弹性碰撞振子响应的稳态相轨线图如图 4-3 所示。图 4-4 给出了对应相轨线图在周期庞加莱截面上的稳态全局图。

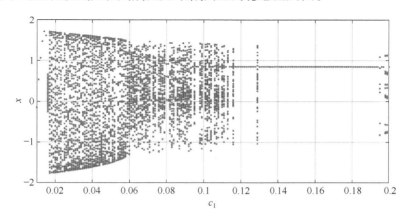

图 4-2　接触面阻尼系数 c_1 的分岔图

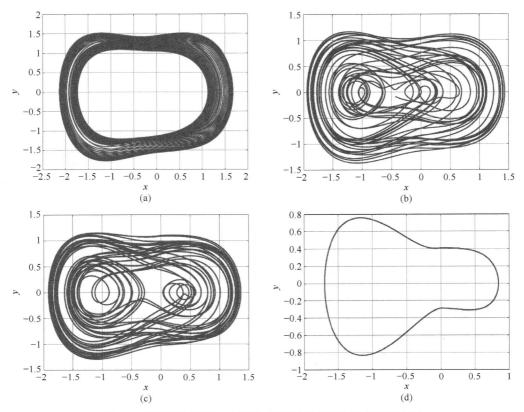

图 4-3   不同阻尼系数 c_1 时弹性碰撞振子响应的稳态相轨线图

(a) $c_1 = 0.02$，准周期运动；(b) $c_1 = 0.06$，混沌运动；(c) $c_1 = 0.10$，混沌运动；(d) $c_1 = 0.16$，周期极限环

图 4-3 和图 4-4 比较看出，$c_1 = 0.02$ 时，系统的吸引子 A_1 是一群离散点组成的"环"，对应的吸引域由 B_1 组成，其对应的相轨线图 4-3(a)为准周期运动；增大 c_1 至 0.06 时，系统存在一个具有自相似结构的"环"——混沌吸引子 A_1，并且这个"环"的范围逐渐减小，其对应的相轨线图 4-3(b)为混沌运动；当 $c_1 = 0.10$ 时，系统出现另外两个周期吸引子 A_2 和 A_3，在图 4-4(c)中分别用五角星和正方形标记，对应吸引域 B_2 和吸引域 B_3，在

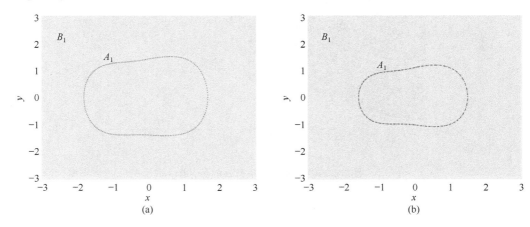

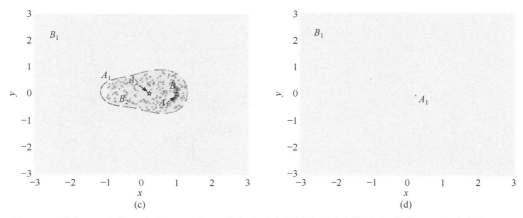

图 4-4　不同阻尼系数 c_1 时弹性碰撞振子响应的稳态相轨线图在周期庞加莱截面上的稳态全局图

(a) $c_1 = 0.02$ ；(b) $c_1 = 0.06$ ；(c) $c_1 = 0.10$ ；(d) $c_1 = 0.16$

相轨线图 4-3(c)中依旧表现出混沌运动；继续增大 c_1 至 0.16，此时系统仅剩下周期吸引子 A_1，其相轨线对应图 4-3(d)中的周期极限环。系统的稳态分岔图、稳态相轨线图和稳态全局图表明了接触阻尼系数 c_1 变化时确定性系统存在的动力学行为。

为了更清晰地表明系统随机稳态响应和确定性系统动力学行为之间的关联，设置噪声强度 $D = 0.02$，利用本章提出的针对随机激励和谐和激励共同作用下的弹性碰撞 GCM 方法，研究系统在不同接触面阻尼系数 c_1 时的稳态概率密度响应。图 4-5 分别展示了对应 $c_1 = 0.02$、0.06、0.10 和 0.16 时，x 和 y 的稳态边缘概率密度响应。在图 4-5(a)中，当 $c_1 = 0.02$ 时，x 的概率密度分布比较均匀；随着 c_1 的增大，一部分概率密度分布开始凸起。不同于 x 的概率密度分布，在图 4-5(b)中，y 的概率密度分布在 $c_1 = 0.02$ 时呈现双峰形态；伴随着 c_1 的继续增大，概率密度分布逐渐集中，双峰消失，最终形成一个单峰形态。

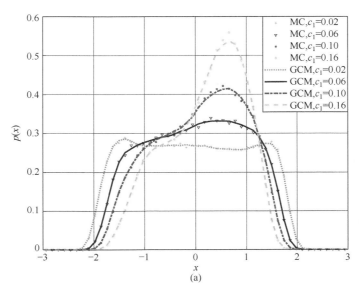

(a)

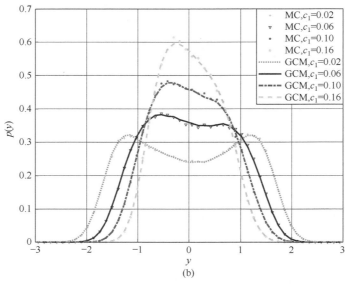

图 4-5   不同阻尼系数 c_1 时弹性碰撞振子 x 和 y 的稳态边缘概率密度响应

(a) x 的稳态边缘概率密度响应；(b) y 的稳态边缘概率密度响应

图 4-6 展示的是随着接触面阻尼系数变化，稳态联合概率密度的变化。当 $c_1 = 0.02$ 时，图中的椭圆形环代表最大可能性响应的区域，这与图 4-4 中吸引子的形状基本相似。随着 c_1 的增大，最大可能性响应逐渐向环的内部收缩。当 $c_1 = 0.10$ 时，吸引子 A_2 和吸引子 A_3 出现，概率密度分布开始由吸引子 A_1 流向吸引子 A_2 和吸引子 A_3。继续改变 c_1 至 0.16，此时概率密度分布更加集中，系统仅剩下周期吸引子 A_1，说明概率密度分布集中于 A_1。综合以上分析，可以说明系统在接触面阻尼系数 c_1 影响下，概率密度分布的稳态拓扑结构明显变化，系统存在随机 P 分岔现象，并且在随机噪声的作用下，随着接触面阻尼系数 c_1 的变化，随机系统稳态概率密度响应会导致吸引子之间发生随机跃迁。除此以外，GCM 方法与 MC 模拟结果也有着较好的拟合，说明提出的针对弹性碰撞系统的 GCM 方法具有可行性。表 4-1 给出了不同 c_1 时弹性碰撞振子在两种方法下的稳态概率密度响应计算时间，可以发现 GCM 方法极大地节省了计算时间。

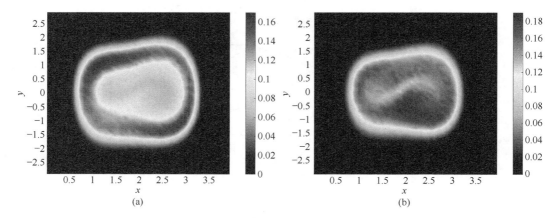

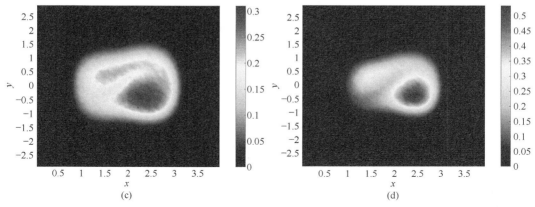

图 4-6　不同阻尼系数 c_1 时弹性碰撞振子 x 和 y 的稳态联合概率密度响应

(a) $c_1 = 0.02$；(b) $c_1 = 0.06$；(c) $c_1 = 0.10$；(d) $c_1 = 0.16$

表 4-1　不同 c_1 时弹性碰撞振子在两种方法下的稳态概率密度响应计算时间

c_1 取值	0.02	0.06	0.10	0.16
GCM 方法	2672.7s	2672.4s	2670.2s	2671.5s
MC 模拟	92478.5s	92500.7s	92485.1s	92493.0s

4.4.2　非线性参数 g 的稳态响应

接下来，固定参数 $c_1 = 0.04$ 和 $\omega = 0.5$，研究参数 g 变化时 GCM 策略的有效性。考虑确定性系统非线性参数 g 在 $0.05 \sim 0.20$ 的分岔图，如图 4-7 所示。图 4-8 和图 4-9 分别给出了 $g = 0.07$、0.10、0.15 和 0.20 时弹性碰撞振子的相轨线图和稳态全局图。从图 4-8 中可以看出，随着 g 的增大，系统经历了从准周期运动进入混沌运动的过程。相对应的稳态全局图 4-9 则显示了其吸引子和内部混沌鞍的变化。从以上两图中可以看出，当 $g = 0.07$ 时，系统轨线是一个准周期运动，此时存在一个由众多离散点组成的"环"；随着 g 的继续增大，离散的"环"形吸引子逐渐缩小成为一个"环"形混沌吸引子；当 $g = 0.15$

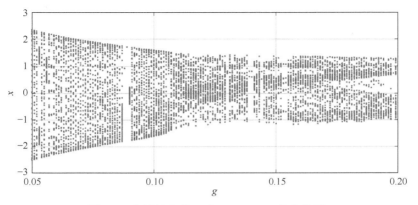

图 4-7　非线性参数 g 在 $0.05 \sim 0.20$ 的分岔图

时，相轨线图呈现明显的混沌形态，对应的图 4-9(c)则出现自相似结构的混沌吸引子 A_1 和内部混沌鞍IS；继续增大 g 至 0.20 时，系统仍然为混沌形态，并且混沌吸引子 A_1 和内部混沌鞍IS 也发生了形状的变化。

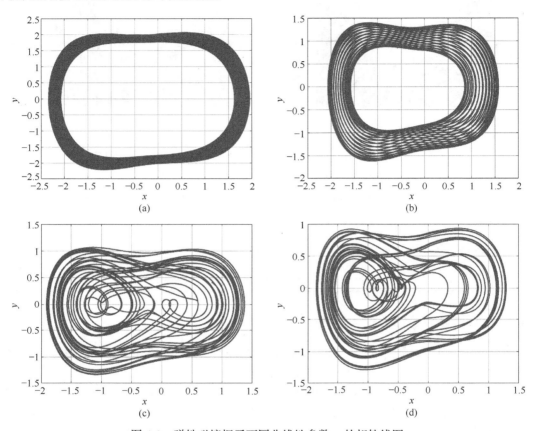

图 4-8　弹性碰撞振子不同非线性参数 g 的相轨线图

(a) $g = 0.07$ ，准周期运动；(b) $g = 0.10$ ，混沌运动；(c) $g = 0.15$ ，混沌运动；(d) $g = 0.20$ ，混沌运动

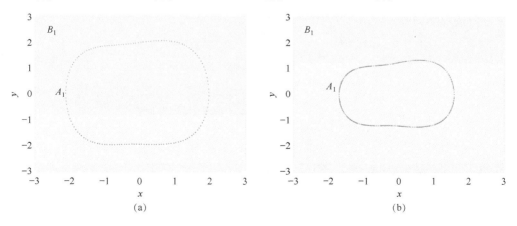

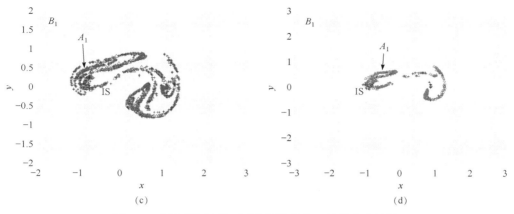

图 4-9　弹性碰撞振子不同非线性参数 g 的稳态全局图

(a) $g=0.07$；(b) $g=0.10$；(c) $g=0.15$；(d) $g=0.20$

当系统存在随机激励时，可以研究非线性参数 g 变化时弹性碰撞振子的稳态概率密度响应与确定性系统之间的关联。在图 4-10 中展示了 $g=0.07$、0.10、0.15、0.20 时 x 和 y 的稳态边缘概率密度响应。对于 x，从图 4-10(a)可以发现，当 $g=0.07$ 时，概率密度分布呈现一个"盆地式"的双峰结构；当 g 变化到 0.10 时，双峰消失，概率密度分布相对均匀；继续增大 g 到 0.15 时，双峰结构再次出现，但整体分布变得"高耸"，这表明概率密度的分布更加集中。因此，可以说明，在小范围内改变非线性参数 g 的取值，会使系统出现随机 P 分岔现象。图 4-10(b)中，y 的稳态边缘概率密度随着 g 的不断增大，有着明显的双峰到单峰的演变过程。

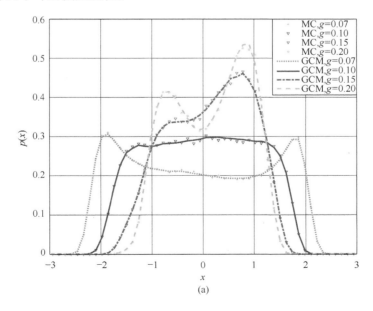

(a)

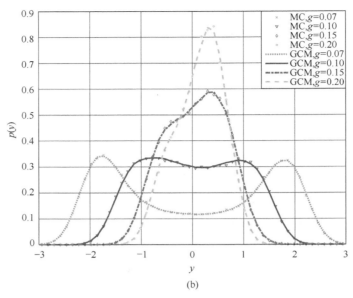

(b)

图 4-10 不同非线性参数 g 时弹性碰撞振子 x 和 y 的稳态边缘概率密度响应

(a) x 的稳态边缘概率密度响应；(b) y 的稳态边缘概率密度响应

图 4-11 展示了 $g=0.07$、0.10、0.15 和 0.20 时，稳态联合概率密度响应的相关结果。可以看出，代表最大可能性响应的区域开始时呈现环形结构，其形状与自治系统稳态相轨线图相似；随着 g 的变化，最大可能性响应的区域开始向内收缩；继续增大 g，该区域不断减小，数值变高，最终形成一小块深色"尖芽"状结构，并且其结构与图 4-9 中的混沌吸引子和内部混沌鞍极其相似，这说明系统的概率密度分布主要集中于混沌吸引子和内部混沌鞍的附近。以上分析可以表明，不同 g 取值可以诱导系统出现随机 P 分岔现象，其形状的变化与确定性系统动力学特征有关。表 4-2 展示了 GCM 方法和 MC 模拟结果的计算时间对比，验证了提出的 GCM 方法能够快速得到稳态概率密度响应的优势。

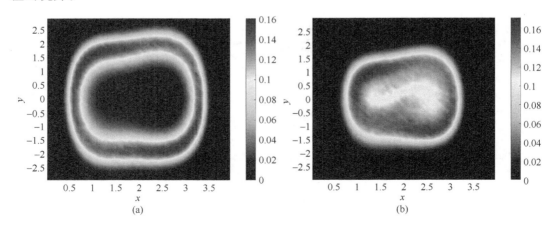

(a)　　　　　　　　　　　　　(b)

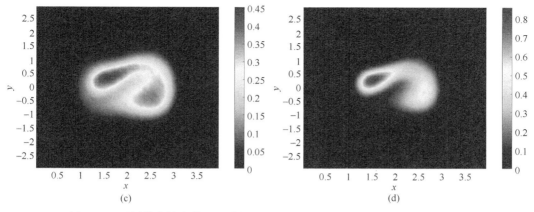

图 4-11　不同非线性参数 g 时弹性碰撞振子 x 和 y 的稳态联合概率密度响应

(a) $g=0.07$；(b) $g=0.10$；(c) $g=0.15$；(d) $g=0.20$

表 4-2　不同非线性参数 g 时弹性碰撞振子在两种方法下的稳态概率密度响应计算时间

g 取值	0.07	0.10	0.15	0.20
GCM 方法	2408.1s	2409.4s	2408.5s	2409.2s
MC 模拟	92408.2s	92406.7s	92399.7s	92405.3s

4.4.3　外激频率 ω 的稳态响应

考虑外激频率 ω 对系统稳态响应的影响，此时固定参数 $g=0.10$，$c_1=0.04$，外激频率的分岔图如图 4-12 所示，从中选择 $\omega=0.25$、0.50、0.75 和 1.00。四个 ω 取值的确定性系统相轨线图如图 4-13 所示，对应的庞加莱全局图由图 4-14 展示，系统经历了从准周期运动到混沌运动再到周期运动的变化。

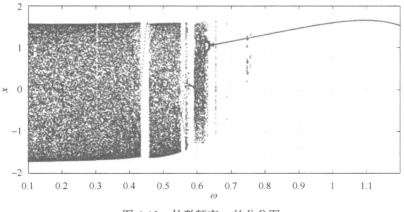

图 4-12　外激频率 ω 的分岔图

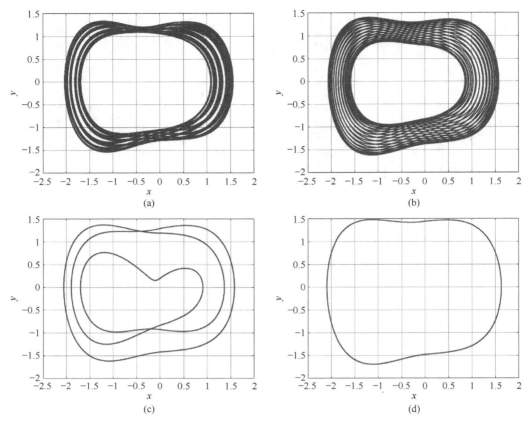

图 4-13   弹性碰撞振子不同外激频率 ω 的相轨线图

(a) $\omega = 0.25$，准周期运动；(b) $\omega = 0.50$，混沌运动；(c) $\omega = 0.75$，周期运动；(d) $\omega = 1.00$，周期运动

在图 4-14(a)中，当 $\omega = 0.25$ 时，系统庞加莱截面上的全局图包括两个众多离散点组成的准周期吸引子 A_1 (图中圆圈)和 A_2 (图中"+"形点)，并且构成一个环形，其分别标记为吸引域 B_1 和吸引域 B_2，分布也较为分散。在图 4-14(b)中，当 $\omega = 0.50$ 时，吸引子 A_1 和 A_2 整合成一个离散点构成的"环"形混沌吸引子 A_1，并且吸引域 B_2 也随之消失。继续增大 ω，此时系统变成了一个周期 1 吸引子 A_1 (图中五角星)和周期 3 吸引子 A_2 (图中

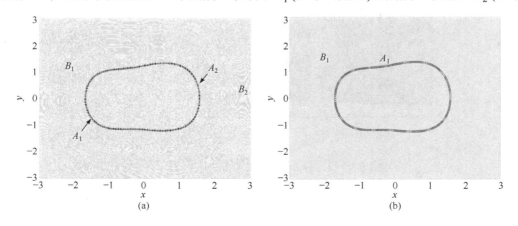

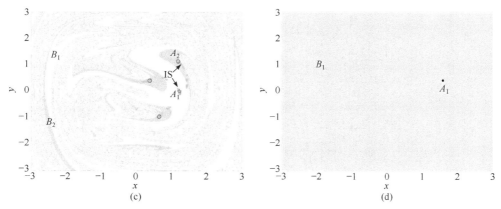

图 4-14　弹性碰撞振子不同外激频率 ω 的庞加莱全局图

(a) $\omega = 0.25$；(b) $\omega = 0.50$；(c) $\omega = 0.75$；(d) $\omega = 1.00$

3 个圆形点)，以及对应的吸引域 B_1 和 B_2，除此之外，还存在一个内部混沌鞍 IS。增大 ω 至 1.00 时，系统仅剩下周期 1 吸引子 A_1 和吸引域 B_1。

图 4-15 和图 4-16 是对系统施加随机激励后得到的稳态概率密度响应。在图 4-15(a) 中，当 $\omega = 0.25$ 和 $\omega = 0.50$ 时，x 的稳态边缘概率密度响应基本没有变化；随着 ω 增大至 0.75 时，概率密度分布渐变成一侧凸起，另一侧凹陷的形状；当 $\omega = 1.00$ 时，形成一个 尖耸的单峰概率密度拓扑结构。然而对于 y 的稳态边缘概率密度响应拓扑变化，在 图 4-15(b) 中，$\omega = 0.25$ 时，其呈现一个明显的双峰；继续增大 ω，形成一个分布均匀的 形态；当 $\omega = 1.00$ 时，概率密度分布突变为一个单侧的峰值，并且其峰值位置大致与吸 引子位置相同。图 4-16 是相对应的稳态联合概率密度响应变化。当 $\omega = 0.25$ 时，最大可 能性响应区域形成明显的圆环形状；当 $\omega = 0.75$ 时，圆环消失，概率密度分布较高的区 域集中成一小块；当 ω 增大到 1.00 时，稳态联合概率密度响应形成一个"月牙状"。通过

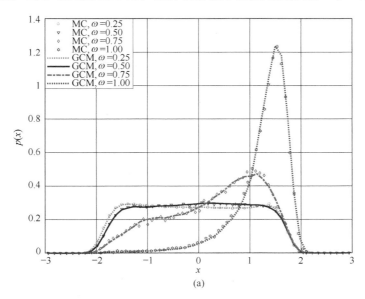

(a)

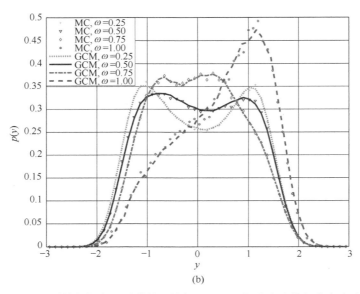

(b)

图 4-15 不同外激频率 ω 时弹性碰撞振子 x 和 y 的稳态边缘概率密度响应

(a) x 的稳态边缘概率密度响应；(b) y 的稳态边缘概率密度响应

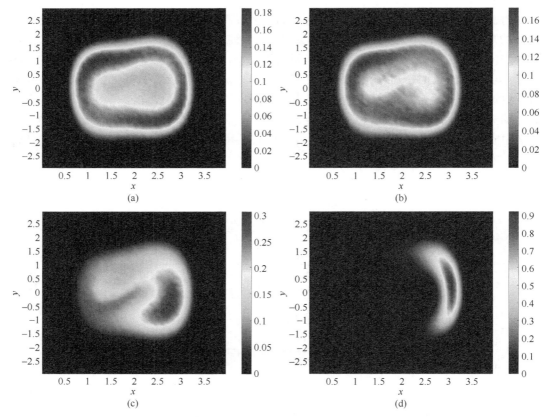

图 4-16 不同外激频率 ω 时弹性碰撞振子 x 和 y 的稳态联合概率密度响应

(a) $\omega = 0.25$ ；(b) $\omega = 0.50$ ；(c) $\omega = 0.75$ ；(d) $\omega = 1.00$

与图 4-14(c)和(d)中的庞加莱全局图比较发现，概率密度峰值对应的坐标位置并未与确定性系统吸引子位置坐标保持完全一致。这说明，在随机噪声的影响下，外激频率诱发的随机 P 分岔现象与确定性系统的激变现象相关联，但并不一定保持完全一致。表 4-3 展示了 GCM 方法在计算时间上相比于 MC 模拟的优势，可以看出 GCM 方法的计算时间只有 MC 模拟的几十分之一。

表 4-3　不同外激频率 ω 时弹性碰撞振子在两种方法下的稳态概率密度响应计算时间

ω 取值	0.25	0.50	0.75	1.00
GCM 方法	2512.1s	2520.1s	2519.6s	2519.4s
MC 模拟	92412.2s	92410.2s	92409.3s	92408.7s

综上所述，利用接触面阻尼系数、非线性参数和外激频率说明改进 GCM 方法可以用于计算弹性碰撞振子的响应求解，在相同条件下有着更短的计算时间和算法稳定性。

4.5　本 章 小 结

针对飞行器结构中存在随机扰动下的弹性碰撞振子，本章提出了一种改进的 GCM 方法计算此类系统的稳态概率密度响应，利用弹性碰撞振子的响应分析，说明了该方法与 MC 模拟仿真的一致性。本章的研究内容强化了通过马尔可夫理论，利用一步转移概率矩阵快速得到稳态响应的思想。此外，结合确定性系统的稳态相轨线图和全局图，分析了接触面阻尼系数 c_1、非线性参数 g 和外激频率 ω 变化时对系统稳态随机响应的影响。具体结论如下：

(1) 对于受到外部激励显含时间 t 的非自治弹性碰撞振子，在不改变系统非光滑特性基础上，提出了一种将时间 t 假设成一个状态变量的策略，通过对系统扩维，从而利用快速的 GCM 方法求解简化的弹性碰撞振子的稳态概率密度响应。

(2) 利用该弹性碰撞振子，结合相对应的确定性系统的稳态相轨线图和吸引子全局性质，考虑接触面阻尼系数 c_1、非线性参数 g 和外激频率 ω 变化时系统出现的随机 P 分岔现象。研究发现，在小噪声激励下，稳态概率密度响应的拓扑结构与确定性系统吸引子和内部混沌鞍分布密切相关。

综合第 3 章结论，发现对于状态空间连续，但雅可比矩阵不连续的摩擦、弹性碰撞接触振子，在不改变非光滑特性的基础上，GCM 方法可以快速得到此类系统自治和非自治情形下的稳态概率密度响应结果。接下来，本书将考虑 GCM 方法在状态空间不连续且雅可比矩阵也不连续的双边刚性随机碰撞振子中的应用。

参 考 文 献

[1] HU W P, XU M B, JIANG R S, et al. Wave propagation in nonhomogeneous centrosymmetric damping plate subjected to impact series[J]. Journal of Vibration Engineering and Technologies, 2021, 9: 2183-2196.

[2] DAI H H, CAO X Y, JING X J, et al. Bio-inspired anti-impact manipulator for capturing non-cooperative

spacecraft: Theory and experiment[J]. Mechanical Systems and Signal Processing, 2020, 142: 106785.

[3] HESS D P, SOOM A, KIM C H. Normal vibrations and friction at a Hertzian contact under random excitation: Theory and experiments[J]. Journal of Sound and Vibration, 1992, 153(3): 491-508.

[4] HESS D P, SOOM A. Normal vibrations and friction at a Hertzian contact under random excitation: Perturbation solution[J]. Journal of Sound and Vibration, 1993, 164(2): 317-326.

[5] 韩群. 广义胞映射方法在随机响应和离出问题中的应用研究[D]. 西安: 西北工业大学, 2017.

[6] MA S C, NING X, WANG L, et al. Complex response analysis of a non-smooth oscillator under harmonic and random excitations[J]. Applied Mathematical and Mechanics (English Edition), 2021, 42(5): 641-648.

第 5 章

基于改进 GCM 方法的刚性碰撞振子随机响应

5.1 引　言

由于状态空间和雅可比矩阵不连续，刚性碰撞振子表现出极强的非光滑性质，特别是具有两个约束面的双边刚性碰撞振子。本书第 3、4 章已经详细介绍了 GCM 理论在具有一定非光滑特性的工程摩擦振子、弹性碰撞振子中的应用，本章将重点研究单边和双边刚性碰撞振子随机响应求解方法。

正如前文所述，碰撞振动系统广泛存在，得到了学者的极大关注。在飞行器设计中经常会遇到这类状态空间不连续的刚性碰撞振动系统，其表现出很强的非线性特征。例如，具有多接触间隙关节的柔性机械臂在空间操作中的应用[1]，飞机上的防雷板传感器[2]，结构中的转子模型[3]等。当考虑随机扰动下的双边刚性碰撞系统时，这类系统的动力学响应会更加复杂，并且解析解几乎不存在。随机响应是研究系统动力学行为的重要指标，通过得到系统的瞬态概率密度函数和稳态概率密度函数，可以反映系统整体的演变趋势。前文中已经介绍过，学者提出了一些经典的方法分析这类系统的随机响应问题[4-7]。其中，最普遍的做法是利用非光滑变换[8]，将碰撞振动系统转化为光滑系统后，再利用光滑系统分析手段进行响应求解。

然而，利用非光滑变换后，系统原有的非光滑特性被削弱，并且近似后的光滑系统在利用大部分解析方法时，对于恢复系数 r 存在限制。胞映射方法是一种快速有效的数值计算方法，可以得到系统的全局特性和响应结果。然而，刚性碰撞振动系统特有的非光滑特性使其系统很复杂，所以难以直接将胞映射方法运用到该类系统。因此，本章将提出计算含间隙单边和双边刚性碰撞系统概率密度响应的新方法，结合 GCM 方法作为一种快速计算工具，通过在接触面上建立离散状态空间，在不进行非光滑变换的基础上，构建一个完整的映射过程作为一步转移概率，从而利用一步转移概率矩阵的优势性，得到系统在一侧接触面上的稳态概率密度响应，分析不同参数对 GCM 方法的适用性，并用 MC 模拟来验证其准确性。

本章以简单的单自由度单边刚性碰撞系统和双边刚性碰撞系统的力学模型为例，介绍系统理论模型和随机概率密度响应求解方法。随后论述在不同的随机噪声类型激励下，使用新的胞映射方法，得到系统的瞬态随机响应和稳态随机响应。通过计算分析，揭示在随机噪声类型激励下，系统概率密度函数的整体演变趋势。

5.2 基于改进 GCM 方法的刚性碰撞系统新策略实现过程

5.2.1 单边刚性碰撞策略

5.2.1.1 单边刚性碰撞系统的理论模型

本节考虑刚性碰撞系统的一般模型，即质量为 M 的振子通过一个弹簧和阻尼器连接，同时受到随机激励 $\xi(t)$ 的干扰。当振子的位移为 X 时，振子和刚性接触面 Δ 会发生刚性碰撞，如图 5-1 所示。

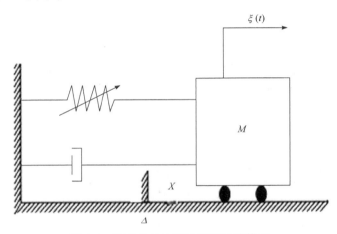

图 5-1 简单的单边刚性碰撞系统模型

对上述模型进行无量纲化处理，可以简化为如下方程：

$$\ddot{x} + h(x,\dot{x})\dot{x} + g(x) = \xi(t), \quad x > q \tag{5-1}$$

$$\dot{x}_+ = -r\dot{x}_-, \quad x = q \tag{5-2}$$

式中，$g(x)$ 为非线性恢复项；$h(x,\dot{x})$ 为非线性阻尼项；$\xi(t)$ 为高斯白噪声，其满足数学期望 $E(\xi(t)) = 0$ 并且谱密度 $S(\omega) = c$（c 是常数）[9]；$\dot{x}_-$ 和 $\dot{x}_+$ 分别为碰撞前后的速度；q 为接触面；r 为恢复系数。方程(5-2)为跃变方程，表示当碰撞发生时速度的变化。系统由于没有谐和激励的影响，随着时间的推移，与接触面的碰撞次数不断增加，能量不断消耗。最终振子将会停止运动，停留在原点处。

5.2.1.2 新策略的实现过程

考虑这样一个 N 维随机动力系统：

$$\dot{x} = f(x(t), \xi(t)) \tag{5-3}$$

式中，$x(t)$ 是一个稳态的马尔可夫过程。定义 $p(x,t)$ 是 $x(t)$ 在时间 t 时的概率密度函数，那么有

$$p(x,t) = \int_D p(x,t \mid x_0,t_0)\, p(x_0,t_0)\mathrm{d}x_0 \qquad (5\text{-}4)$$

式中，$p(x,t \mid x_0,t_0)$ 是 $x(t)$ 在初始条件 (x_0,t_0) 下的条件概率密度方程，并且：

$$p(x,t \mid x_0,t_0) = p(x,t-t_0 \mid x_0,0), \quad t_0 < t \qquad (5\text{-}5)$$

假设 $t_0 = (m-1)\Delta t$ 且 $t = m\Delta t$，在式(5-4)的条件下，有

$$p(x,m\Delta t) = \int_D p(x,t \mid x_0,0)\, p(x_0,(m-1)\Delta t)\mathrm{d}x_0 \qquad (5\text{-}6)$$

那么，对于图 5-1 所示的理论模型描绘的碰撞系统，可以创建一个在接触面上的映射关系，从而构造一步转移概率矩阵。

第一步，需要建立一个胞的状态空间。利用第 2 章介绍的胞状态空间，假设 Ω 是接触面上的胞状态空间。将 Ω 分割为长度均为 l 的 N 个间隔，每一个间隔称为一个胞，将这些胞标记为 $1 \sim N$。

第二步，构造从某一碰撞时刻到下一次碰撞时刻的一步转移概率矩阵。对于 Ω 中的某一个胞 j，可以均匀选取 N_j 个样本点。从每个点产生 s 条样本轨迹，那么胞 j 在接触面上有 $\bar{N}_j = sN_j$ 条随机轨迹。假设在下一次碰撞时，胞 j 落到胞 i 的样本点为 N_i，那么从胞 j 到胞 i 的一步转移概率为 $p_{ij} = N_i / \bar{N}_j$，并且有 $\sum_i N_i = \bar{N}_j$ 和 $\sum_i p_{ij} = 1$。因此，就可以构建出由元素 $p_{ij}(1 \leqslant i \leqslant N, 1 \leqslant j \leqslant N)$ 组成的一步转移概率矩阵 P [10]。

因此，方程(5-6)可以表示为

$$p(m+1) = P \cdot p(m) \text{ 或 } p(m) = P^m \cdot p(0) \qquad (5\text{-}7)$$

式中，$p(m)$ 是 m 次碰撞之后的概率分布；$p(0)$ 是初始概率分布。

由矩阵分析算法[11]可知，方程(5-7)表示第 m 次碰撞时，系统在状态空间中的概率分布，可以看作是概率分布向量 $p(m)$，所以有

$$p(1) = P \cdot p(0),\ p(2) = P \cdot p(1),\cdots,\ p(m) = P \cdot p(m-1) \qquad (5\text{-}8)$$

因此要计算任意碰撞次数时的概率分布，只需计算 m 次矩阵 $p(i), i = 0,1,2,\cdots,m-1$ 的乘积，即

$$p(m) = P^m \cdot p(0) \qquad (5\text{-}9)$$

综上，对于图 5-1 提到的模型，在系统发生碰撞的接触面上对系统的状态空间进行划分。通过建立碰撞到碰撞的一步转移概率矩阵，可以得到系统 m 次碰撞之后在接触面上速度 $\dot{x}$ 的概率密度函数，从而获取系统的随机响应。5.3 节将通过几个算例和 MC 模拟的结果来验证该算法的准确性。

5.2.2　双边刚性碰撞策略

5.2.2.1　双边刚性碰撞系统的理论模型

本节将重点研究双边刚性碰撞振子随机响应求解。图 5-2 为含间隙双边刚性碰撞振动系统，K 和 C 分别为弹性刚度和阻尼，$W(t)$ 为外部噪声激励。对于双边刚性碰撞振子，可以写作：

$$\begin{cases} M\ddot{x} + C\dot{x} + Kx + g(x,\dot{x}) = F(t) + \xi(t), & -\Delta_1 < x_1 < \Delta_2 \\ \dot{x}_{1+} = -r\dot{x}_{1-}, & x_1 = \Delta_1, \Delta_2 \end{cases} \tag{5-10}$$

式中，Δ_1、Δ_2 分别表示两个接触面；$F(t)$ 为一个外部激励。

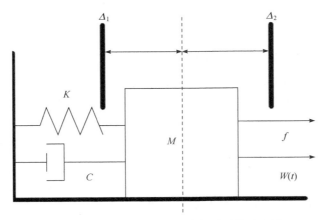

图 5-2　含间隙双边刚性碰撞振动系统示意图

5.2.2.2　双边刚性碰撞系统概率密度响应求解新方法

对于刚性碰撞振动系统，造成强非光滑特性的原因在于碰撞时速度的瞬变造成状态空间的不连续。因此，为了利用 GCM 方法的优势性，考虑在接触面上建立离散的状态空间并进行相应的分割和间隔块标记。进一步地，为了确保一步转移概率的连续性和完整性，提出以下一个映射过程：选取的初值从任意的一个接触面出发，在到达另一个接触面后发生第一次刚性碰撞，产生一个反向的速度继续向原先接触面运动，一旦轨迹到达起始接触面并发生第二次刚性碰撞，就视为一个完整映射过程的结束[12]。双边刚性碰撞系统一步转移映射过程如图 5-3 和式(5-11)~式(5-16)所示。

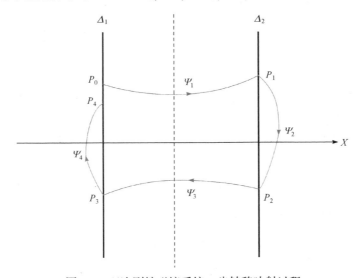

图 5-3　双边刚性碰撞系统一步转移映射过程

假设：

$$\begin{cases} \Psi : \Delta_1 \to \Delta_1 \\ P_0 = (\Delta_1, \boldsymbol{y}_0) \to \Psi(P_0) = (\Delta_1, \boldsymbol{y}_4) \end{cases} \tag{5-11}$$

并且：

$$\Psi = \Psi_1 \circ \Psi_2 \circ \Psi_3 \circ \Psi_4 \tag{5-12}$$

式中，Ψ 代表完整的映射过程，它由四个子过程 Ψ_1、Ψ_2、Ψ_3 和 Ψ_4 组合而成，其中 Ψ_1 表示初始轨迹由接触面 Δ_1 迭代到接触面 Δ_2 的过程：

$$\begin{cases} \Psi_1 : \Delta_1 \to \Delta_2 \\ P_0 = (\Delta_1, \boldsymbol{y}_0) \to \Psi_1(P_0) = P_1 = (\Delta_2, \boldsymbol{y}_1) \end{cases} \tag{5-13}$$

Ψ_2 表示轨迹在接触面 Δ_2 上完成的第一次碰撞过程：

$$\begin{cases} \Psi_2 : \Delta_2 \to \Delta_2 \\ P_1 = (\Delta_2, \boldsymbol{y}_1) \to \Psi_2(P_1) = P_2 = (\Delta_2, \boldsymbol{y}_2) \end{cases} \tag{5-14}$$

Ψ_3 表示轨迹由接触面 Δ_2 迭代返回到接触面 Δ_1 的过程：

$$\begin{cases} \Psi_3 : \Delta_2 \to \Delta_1 \\ P_2 = (\Delta_2, \boldsymbol{y}_2) \to \Psi_3(P_2) = P_3 = (\Delta_1, \boldsymbol{y}_3) \end{cases} \tag{5-15}$$

Ψ_4 表示轨迹在接触面 Δ_1 上完成的第二次碰撞过程：

$$\begin{cases} \Psi_4 : \Delta_1 \to \Delta_1 \\ P_3 = (\Delta_1, \boldsymbol{y}_3) \to \Psi_4(P_3) = P_4 = (\Delta_1, \boldsymbol{y}_4) \end{cases} \tag{5-16}$$

具体过程：当初始位置 P_0 从接触面 Δ_1 出发，经过映射 Ψ_1 运动到接触面 Δ_2 上的 P_1 处；由于刚性碰撞速度的瞬变，此时映射 Ψ_2 发生，轨迹到达 P_2 处，并产生一个反向的速度；继续按照映射 Ψ_3 迭代后，轨迹回到接触面 Δ_1 上的 P_3 处，发生第二次碰撞 Ψ_4；最终落在接触面 Δ_1 的 P_4 处。

利用该过程，系统在不进行非光滑变换的基础上，在接触面上建立一步转移概率矩阵，可以得到任意次映射过程后，在接触面上的概率密度响应。不同于常规分析角度，本节提出的分析思路是考虑随机样本在两侧接触面上得到的概率密度响应结果。在 5.4 节，将利用一个含间隙双边刚性碰撞振动系统来说明该思路的有效性和合理性。

5.3　单边刚性碰撞振子随机响应分析

对于 5.2.1 小节提到的方法，接下来将利用几个算例进行详细说明，并且通过 MC 模拟法比较新方法的有效性。

5.3.1　算例 1：高斯白噪声激励下的 Duffing-Van der Pol 单边刚性碰撞振子

首先考虑一个 Duffing-Van der Pol 方程，令方程(5-1)中的

$$h(x, \dot{x}) = c_2 x^2 - c_1 \tag{5-17}$$

$$g(x) = ax + bx^3 \tag{5-18}$$

式中，a、b、c_1 和 c_2 都是正实数。因此，方程(5-1)和方程(5-2)改写为

$$\ddot{x} + (c_2 x^2 - c_1)\dot{x} + ax + bx^3 = \xi(t)，\quad x > q \tag{5-19}$$

$$\dot{x}_+ = -r\dot{x}_-，\quad x = q \tag{5-20}$$

在数值模拟中，将系统参数选取为 $a = 1$，$b = 0.3$，$c_1 = 0.1$，$c_2 = 0.1$，$q = 0$。

接下来，将讨论在高斯白噪声激励下系统(5-19)和系统(5-20)的随机响应问题。因此，系统(5-19)中的 $\xi(t)$ 满足第 2 章中高斯白噪声的条件。

利用 5.2.1 小节介绍的方法，为了计算一步转移概率矩阵，选取胞状态空间区域为 $\Omega = \{x = q = 0, 0 \leqslant \dot{x} = y \leqslant 1\}$。对于选定的这个区域，将其均匀地分为 (1×80) 个胞。之后，每个胞将产生 4000 条在高斯白噪声激励下的随机样本轨迹，那么，共计 320000 条样本轨迹来构建一步转移概率矩阵。选取噪声强度 $2\sigma = 0.002$，恢复系数 $r = 0.8$，初值为 $(0, 0.5)$，并将其转化为初始概率向量。通过方程(5-8)，就可以得到每次碰撞之后在接触面上关于速度值的概率密度函数。同样，第 2 章介绍的 MC 模拟也将取同样的样本数和初值，得到关于速度值的概率密度函数来进行比较和分析。

图 5-4 所示是初值为 $(0, 0.5)$ 时 Duffing-Van der Pol 系统在接触面上的概率密度函数。其中，不同的实线和虚线分别表示系统在 1 次、2 次、5 次、10 次和 35 次碰撞之后的概率密度函数。通过数值计算发现，该系统在 35 次碰撞之后达到稳态。对于同样的样本数，在相同的参数条件下，不同的点迹符号表示 MC 模拟的结果。可以明显地看出，GCM 方法和 MC 模拟的结果吻合很好。通过表 5-1 也可以看出，除 1 次碰撞外，GCM 方法的

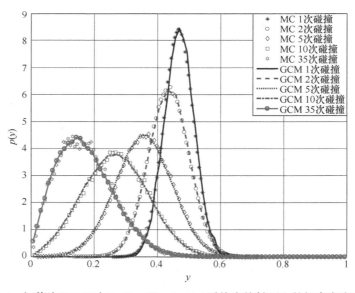

图 5-4　初值为 $(0, 0.5)$ 时 Duffing-Van der Pol 系统在接触面上的概率密度函数

单边刚性碰撞响应求解新方法比单纯的 MC 模拟更节省时间,并且随着碰撞次数的增加,这种时间优势越来越明显。这主要是因为胞映射方法一旦确定了一步转移概率矩阵,这个矩阵便固定下来,之后只是矩阵的多次相乘,这在计算机的数值计算中会快很多,而 MC 是对于每一个样本数从起始运行到稳态的碰撞结果,所以非常耗时且笨拙。

表 5-1　初值为(0,0.5)时 Duffing-Van der Pol 系统不同碰撞次数下两种方法响应计算时间比较

碰撞次数	1 次	2 次	5 次	10 次	35 次
GCM 方法	99.95s	99.95s	99.96s	99.97s	101.62s
MC 模拟	99.93s	198.87s	503.32s	997.70s	4467.13s

另外,从图 5-4 还可以发现,碰撞次数的逐渐增加,概率密度函数开始趋向稳态,峰值开始下降,并且概率密度函数由"高瘦状"呈现为"矮胖状"。当改变初值时,其概率密度函数的演化也是如此。图 5-5 是在初值为 (0,0.1) 时 Duffing-Van der Pol 系统在接触面上的概率密度函数的演化。与图 5-4 比较,最终的稳定状态基本一致。

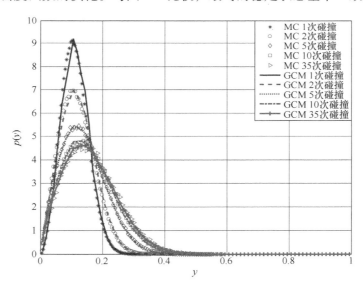

图 5-5　初值为(0,0.1)时 Duffing-Van der Pol 系统在接触面上的概率密度函数

当只改变恢复系数 r 时,其他条件如上文所述,选取胞状态空间区域为 $\Omega = \{x = q = 0, 0 \leqslant \dot{x} = y \leqslant 1\}$。将其均匀地分为 (1×80) 个胞,并且每个胞产生 4000 个样本数,初值为 (0,0.5),依旧可以得到该系统在接触面上速度值的概率密度函数,从而突破了一般方法对恢复系数 r 的限制。例如,图 5-6 和图 5-7 分别是恢复系数 $r = 0.7$ 和 $r = 0.6$,$2\sigma = 0.002$ 时 Duffing-Van der Pol 系统在接触面上的概率密度函数图像。从图中可以看出,GCM 方法与 MC 模拟的结果也有较好的吻合度,并且不同的 r 值,会影响系统达到稳态的碰撞次数。表 5-2 给出了两种方法的计算时间,从表 5-1 和表 5-2 都可以发现 GCM 方法有着明显的时间优势。

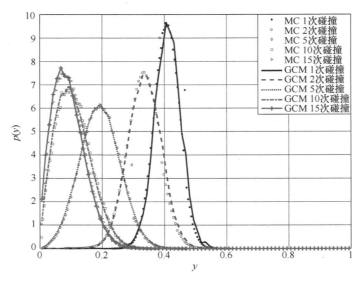

图 5-6 $r = 0.7, 2\sigma = 0.002$ 时 Duffing-Van der Pol 系统在接触面上的概率密度函数

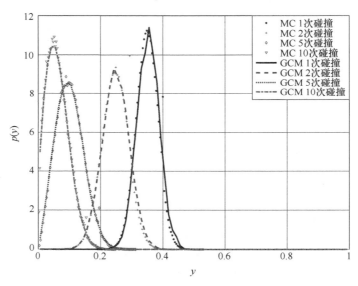

图 5-7 $r = 0.6, 2\sigma = 0.002$ 时 Duffing-Van der Pol 系统在接触面上的概率密度函数

表 5-2 $r = 0.7, 2\sigma = 0.002$ 时 Duffing-Van der Pol 系统不同碰撞次数下两种方法
响应计算时间比较

碰撞次数	1 次	2 次	5 次	10 次	15 次
GCM 方法	99.94s	99.95s	99.96s	99.97s	99.98s
MC 模拟	99.96s	199.58s	507.79s	1041.79s	1528.26s

类似地，当只改变噪声强度，而其他条件不变时，GCM 方法也有着广泛的适用性。
图 5-8 和图 5-9 分别是噪声强度为 $2\sigma = 0.005$ 和 $2\sigma = 0.01$，$r = 0.8$ 时 Duffing-Van der Pol

系统在接触面上的概率密度函数。表 5-3 是 $2\sigma = 0.005$，$r = 0.8$ 时 Duffing-Van der Pol 系统不同碰撞次数下两种方法响应计算时间比较。从图 5-8 和表 5-3 中看出，这两种方法也有较好的拟合度，再次验证了 GCM 方法的准确性和快速性。

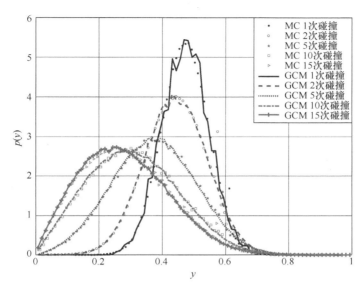

图 5-8　$2\sigma = 0.005, r = 0.8$ 时 Duffing-Van der Pol 系统在接触面上的概率密度函数

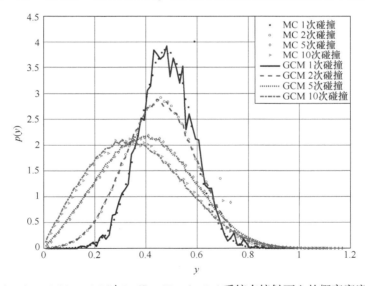

图 5-9　$2\sigma = 0.01, r = 0.8$ 时 Duffing-Van der Pol 系统在接触面上的概率密度函数

表 5-3　$2\sigma = 0.005, r = 0.8$ 时 Duffing-Van der Pol 系统不同碰撞次数下两种方法响应计算时间比较

碰撞次数	1 次	2 次	5 次	10 次	15 次
GCM 方法	99.03s	99.24s	99.97s	100.98s	102.99s
MC 模拟	101.12s	201.04s	505.29s	1011.04s	1514.83s

由此可见，对于在高斯白噪声激励下的 Duffing-Van der Pol 系统，GCM 的单边刚性碰撞概率密度响应求解新方法有着与 MC 模拟方法较好的拟合程度，并且在计算时间上有着较大幅度的减少。可见，该方法真正做到了快速、高效。

5.3.2 算例 2：泊松白噪声激励下的 Rayleigh 单边刚性碰撞振子

依旧按照图 5-1 所示模型，考虑一个由泊松白噪声激励的 Rayleigh 碰撞振动系统。令方程(5-1)中的

$$h(x,\dot{x}) = l^2(\dot{x}^2 - 1) \tag{5-21}$$

$$g(x) = kx \tag{5-22}$$

同样，l 和 k 都是实常数。因此，方程(5-1)和方程(5-2)将改写为

$$\ddot{x} + l^2(\dot{x}^2 - 1)\dot{x} + kx = \xi(t), \quad x > q \tag{5-23}$$

$$\dot{x}_+ = -r\dot{x}_-, \quad x = q \tag{5-24}$$

选取 $l = 0.1$，$k = 1$，$q = 0$ 和 $r = 0.8$。在这里 $\xi(t)$ 是第 2 章介绍的泊松白噪声。

当有随机噪声激励时，考虑 Rayleigh 碰撞振动系统的随机响应的概率密度函数问题。利用前文中介绍的方法，首先划分胞状态空间，在接触面上选取胞状态空间区域为 $\Omega = \{x = q = 0, 0 \leqslant \dot{x} = y \leqslant 4\}$。然后需要计算一步转移概率矩阵。将这个区域均匀分为 (1×80) 个胞，每个胞产生 6000 条随机样本轨迹，共计 480000 个样本。这样，将得到一次碰撞之后的一步转移概率矩阵。选取初值为 $(0,0.2)$，并将其转化为初始概率分布向量。通过矩阵分析法，可以得到任意次碰撞之后的概率密度函数。同样，用于比较的 MC 模拟法也将取相同的初始条件。

在图 5-10 中，可以看到在 1 次、2 次、5 次碰撞之后的 GCM 单边刚性碰撞概率密

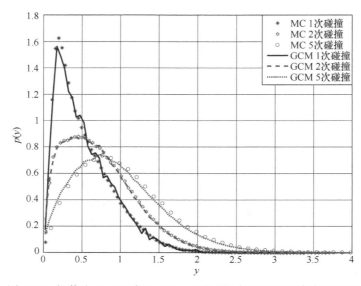

图 5-10　初值为(0, 0.2)时 Rayleigh 系统在接触面上的概率密度函数

度响应求解新方法和 MC 模拟得到的概率密度函数，分别用线和点迹表示。在不同碰撞次数时，概率密度函数保持一个单峰状态。最高点代表概率最大值，随着碰撞次数增加，其整体位置在发生变化，逐渐趋于稳定，并且整体概率密度函数也呈现出"矮胖状"。当选取不同初值时，概率密度函数演化过程趋于稳定的位置基本是一样的，图 5-11 是初值为 (0,2) 时 Rayleigh 系统在接触面上的概率密度函数。另外，两种方法有着较好的吻合度，表 5-4 比较了两种方法的响应计算时间，新方法有着明显的时间优势。综上，此算例证明了胞映射方法对于泊松白噪声激励下的 Rayleigh 碰撞振动系统响应分析的高效性。

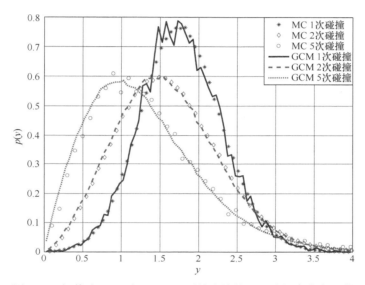

图 5-11　初值为 (0, 2) 时 Rayleigh 系统在接触面上的概率密度函数

表 5-4　初值为 (0, 0.2) 时 Rayleigh 系统不同碰撞次数下两种方法响应计算时间比较

碰撞次数	1 次	2 次	5 次
GCM 方法	151.79s	151.80s	151.80s
MC 模拟	162.94s	322.73s	1615.44s

前文中详细比较了不同初值时 GCM 方法的准确度。接下来，改变系统参数，研究不同参数取值时 GCM 方法和 MC 模拟结果的比较。对于只改变恢复系数 r，其他条件不变的情况下，依旧可以得到 Rayleigh 系统在接触面上关于速度值的概率密度函数。图 5-12 是 $r = 0.7$ 时 Rayleigh 系统在接触面上的概率密度函数。表 5-5 是对应系统所用响应计算时间。图 5-13 是 $r = 0.6$ 时 1 次、2 次、5 次碰撞之后的 GCM 方法和 MC 模拟得到的概率密度函数。从图中可以看出，概率密度函数整体还是呈现一个单峰状态，随着碰撞次数的增加，逐渐趋于稳定，两种方法有着较好的拟合度。

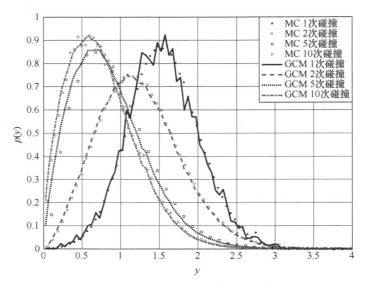

图 5-12 $r=0.7$ 时 Rayleigh 系统在接触面上的概率密度函数

表 5-5 $r=0.7$ 时 Rayleigh 系统不同碰撞次数下两种方法响应计算时间比较

碰撞次数	1 次	2 次	5 次	10 次
GCM 方法	150.21s	150.36s	150.67s	151.16s
MC 模拟	160.16s	320.50s	789.47s	1579.26s

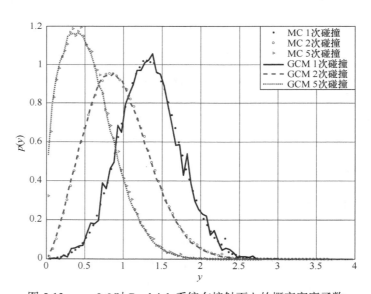

图 5-13 $r=0.6$ 时 Rayleigh 系统在接触面上的概率密度函数

对于有随机激励的碰撞振动系统，研究其在噪声干扰下的解析解是相当困难的，并且数值计算也需要设定很多特定条件。本节提出了一个基于 GCM 的新方法，用一种新颖的方式研究了碰撞振动系统的随机响应问题。这种新方法突破了对恢复系数的限制，保留了系统的非光滑性，充分利用了碰撞振动系统的特征，没有对原系统做任何变换处理。不同于传统的非光滑变换，本方法并没有消除碰撞。两种方法都可以得到系统的随机响应，但区别在于利用不同的状态空间来展示概率密度函数。值得注意的是，本书从接触面的角度考虑问题，基于 C-K 方程，计算了一步转移概率矩阵，利用矩阵分析法，进而得到系统在接触面上的概率密度函数，并且可以准确详细反映系统的动力学特性。

本节利用 MC 模拟的结果与提出的 GCM 新方法结果进行了比较，说明了所提方法在分析不同白噪声激励下随机碰撞振动系统的响应问题上，具有较好的实用性和较高的准确性。通过计算时间的对比，发现该方法大大节省了时间，证明了其高效性。如果用于比较复杂的实际系统的分析，利用该方法的优势会更加明显。

5.4　双边刚性碰撞振子随机响应分析

在本节中，将利用一个二维双边刚性碰撞振动系统的随机稳态响应分析来说明 5.2.2 小节方法的正确性。图 5-2 的含间隙双边刚性碰撞振动系统可以表示为如下的 Rayleigh 型微分方程，f 为一个常数激励[13]：

$$\begin{cases} \dot{x} = y \\ \dot{y} = \xi(t) - cx + (a_1 y - a_2 y^2)y + f \end{cases}, \quad -\Delta_1 < x < \Delta_2 \tag{5-25}$$

$$y_+ = -ry_-, \quad x = -\Delta_1, \Delta_2 \tag{5-26}$$

系统(5-26)表示碰撞发生时速度的瞬变。根据 5.2.2 小节的过程，对于一个二维振子，随机轨迹从接触面 Δ_1 (Δ_2)出发，经过迭代到达另一个接触面 Δ_2 (Δ_1)上。完成第一次碰撞后，向相反方向继续运动回到初始接触面 Δ_1 (Δ_2)，发生第二次碰撞。因此，可以得到速度 y 在接触面 Δ_1 (Δ_2)上的响应结果。对于系统(5-25)和系统(5-26)，假设一次完整映射过程所需时间为 t_0，令 $p(y, t)$ 是系统在第 n 次过程之后的概率密度函数，并且 $p(y, t | y_0, 0)$ 是 y 在初始条件 $(y_0, 0)$ 下的条件概率密度。因此有 $t = nt_0$，且

$$p(y, nt_0) = \int p(y, t \mid y_0, 0) \cdot p(y_0, (n-1)t_0) \mathrm{d}y_0 \tag{5-27}$$

假设轨迹从左侧接触面 Δ_1 出发，则 GCM 方法胞状态空间的划分和一步转移概率矩阵是在 $x = \Delta_1$ 上构建的。如图 5-14 所示，对于二维碰撞振子，其研究的状态空间是一个一维的线段区间 Ω，可以将其均匀地划分为若干个小块 S，在随机噪声作用下，从每个块内选取 m 条样本轨迹，并统计一次完整过程 t_0 后每个块落入其他块内的样本数，进一步得到相应的概率分布，从而得到一个 $S \times S$ 的一步转移概率矩阵，利用式(5-27)得到任意次碰撞过程后的概率密度响应。对于系统(5-25)和系统(5-26)，固定部分参数为 $a_1 = 0.01$，$a_2 = 0.01$，$c = 1.0$，$f = 0.15$，讨论双边接触面对称和不对称情况下系统的稳态响应结果。另外，还讨论在不同的碰撞距离、不同的恢复系数 r 和不同的噪声强度 D 时，系统在接触面上关于速度 y 的稳态概率密度演变过程。

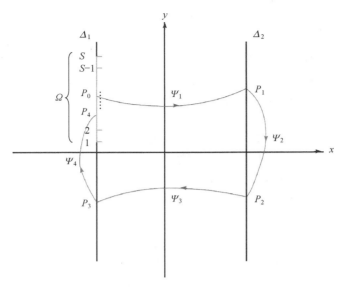

图 5-14   二维碰撞振子在 Δ_1 上的离散间隔空间划分示意图

5.4.1   两侧接触面对称的情形

在这一部分，将利用 5.2.2 小节提出的映射过程数值模拟计算当接触面关于中轴 $x = 0$ 对称时的系统稳态响应，即 $\Delta_1 = -\Delta_2$。选择样本轨迹从左侧接触面 Δ_1 出发，当与右侧接触面 Δ_2 发生碰撞后，继续运动返回到 Δ_1 作为一个完整碰撞过程。固定噪声强度 $D = 0.01$，恢复系数 $r = 0.8$。图 5-15 的时间历程图展示了在噪声激励下选用不同碰撞距离可以保证双边刚性碰撞的发生，图中的 t 代表的是时域，由积分迭代步长和迭代次数的乘积得到。对于上述过程，选择在左侧接触面 Δ_1 上建立离散的状态空间 $\Omega_1 = \{x = \Delta_1 \mid 0 \leqslant y \leqslant 0.6\}$，并将其均匀地划分为 50 个小间隔，每个间隔选择 10000 个样本数。利用 5.2.2 小节提出的计算双边刚性碰撞振动系统概率密度响应方法，可以分别得到对称接触面 $\Delta_1 = -0.05, -0.1, -0.2$ 时，速度 y 在接触面 Δ_1 上的稳态概率密度。图 5-16 中的线表示 GCM 方法结果，点迹表示 MC 模拟结果。两种方法很好地拟合再次说明了 GCM 方法的可行性，并且随着间隙的增大，速度 y 的分布逐渐增大，概率密度的峰值逐渐下降。这可以归因于这样一个事实，即当障碍物相互靠近时，大振幅振荡被抑制了。当考虑样本从右侧接触面 $\Delta_2 = 0.1$ 出发的过程，类似于左侧，在 Δ_2 上构建离散的状态空间 $\Omega_2 = \{x = \Delta_2 \mid -0.6 \leqslant y \leqslant 0\}$，得到图 5-17 中 y 在接触面 Δ_2 上的

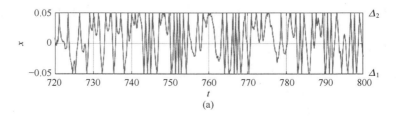

(a)

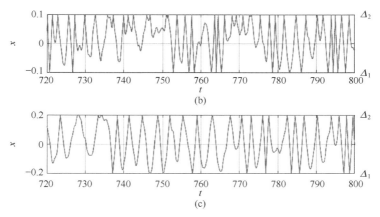

图 5-15　对称接触面时不同碰撞距离的时间历程图

(a) $\Delta_1 = -0.05$；(b) $\Delta_1 = -0.1$；(c) $\Delta_1 = -0.2$

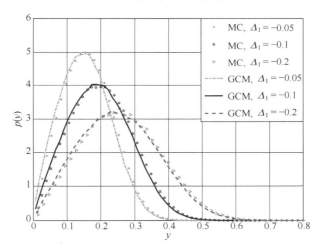

图 5-16　对称接触面时速度 y 在左侧接触面上的稳态概率密度

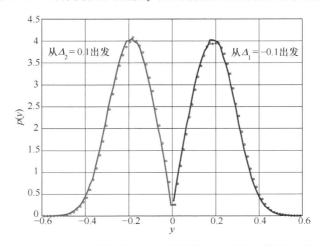

图 5-17　y 在左侧接触面和右侧接触面上的稳态概率密度

稳态概率密度分布。通过与左侧接触面 $\Delta_1 = -0.1$ 得到的结果进行比较，可以看出不同出发点得到的结果几乎是关于 $y=0$ 对称的。因此，可以利用左侧接触面得到的结果来说明一般性结论。

5.4.2　两侧接触面不对称的情形

利用所提出的设计研究接触面关于中轴 $y=0$ 不对称的更加一般情形。依旧选择从左侧接触面 $\Delta_1 = -0.1$ 处出发，右侧接触面 Δ_2 距离分别选择 0.05、0.1 和 0.2。这里需要说明的是当 Δ_2 达到一定距离后，可能出现不碰撞的情况。本节选取的距离是保证在相同噪声扰动下双边刚性碰撞过程能够发生，如图 5-18 中 Δ_2 = 0.05、0.1、0.2 时的时间历程图，可以看出在一定时间内，随机轨迹都可以到达两侧接触面。为了计算速度 y 在不同接触面 Δ_2 的概率密度分布，建立如 5.2.2 小节中的状态区域，得到如图 5-19 所示的不对称接触面时 y 在左侧接触面上的稳态概率密度。在图 5-19 中，通过与对称接触面$|\Delta_1| = |\Delta_2|$情况的比较发现，当$|\Delta_2| < |\Delta_1|$时，其速度的概率密度峰值更高，对应的速度值更小；当$|\Delta_2| > |\Delta_1|$时，其速度的概率密度峰值更低，对应的速度值更大。这反映了一个事实，随着右侧接触面距离的增大，需要更大的速度才能够到达右侧接触面，在发生碰撞后回到左侧接触面的速度也随之增大。从而可以看出，提出的新方法得到的响应结果符合实际意义。

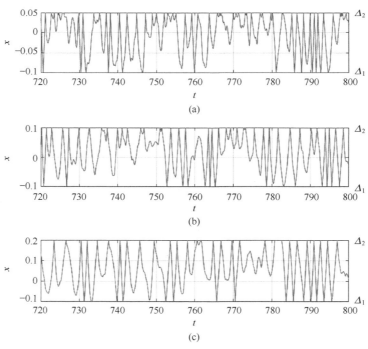

图 5-18　不对称接触面的时间历程图

(a) $\Delta_2 = 0.05$ ；(b) $\Delta_2 = 0.1$ ；(c) $\Delta_2 = 0.2$

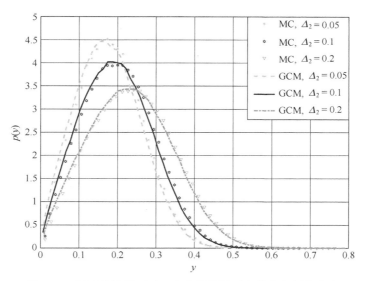

图 5-19　不对称接触面时 y 在左侧接触面上的稳态概率密度

5.4.3　不同恢复系数的情形

恢复系数 r 的存在是刚性碰撞振动系统特有的一个非光滑特征，本小节研究考虑 r 变化时系统概率密度响应的演变。图 5-20 是不同恢复系数 r 的时间历程图，从图中可以看出，不同的恢复系数都可以保证碰撞过程的发生。选择接触面 $\Delta_1 = -0.1$，$\Delta_2 = 0.2$，并在 Δ_1 上的区间 $\Omega = \{x = \Delta_1 \mid 0 \leqslant y \leqslant 1.1\}$ 建立离散状态空间，得到图 5-21 展示的不同恢复系数 r 时 y 在左侧接触面上的稳态概率密度。当 $r = 0.56$ 时，系统速度的稳态概率密度分布范围较小；当 $r = 0.94$ 时，速度的稳态概率密度分布范围较大，并且峰值有明显的下降。在系统(5-26)中，碰撞前后的速度变化是一种线性关系，r 实际上代表的是系统动能的损失，更小的 r，意味着碰撞后的速度更小。图 5-21 可以明显地反映出这一现象，从而能够验证提出的设计思路是符合实际物理意义的。不同于很多常规的转换思路，在不进行任何变换的情况下，提出的映射过程可以计算更大范围 r 的响应，对于一些工程问题具有实际作用。

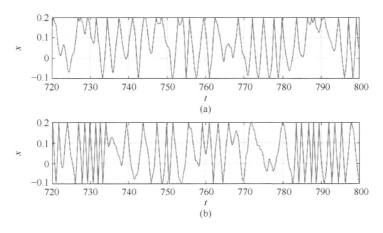

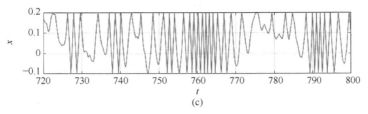

图 5-20 不同恢复系数 r 的时间历程图

(a) $r = 0.56$; (b) $r = 0.8$; (c) $r = 0.94$

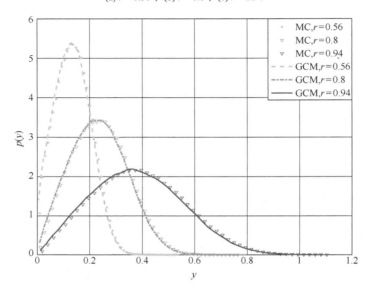

图 5-21 不同恢复系数 r 时 y 在左侧接触面上的稳态概率密度

5.4.4 不同高斯白噪声强度的情形

本小节考虑不同高斯白噪声强度下系统在接触面 Δ_1 上 y 的稳态概率密度演化。分别选择高斯白噪声强度为 $D = 0.01$、0.02、0.03，图 5-22 给出了三个噪声强度下碰撞过程的时间历程图。对于随机稳态响应，选择 Δ_1 上的状态空间 $\Omega = \{x = \Delta_1 = -0.1 \mid 0 \leqslant y \leqslant 1.2\}$ 进行划分，从每个小块均匀地选取样本数，得到若干次碰撞之后的稳态概率密度分布，如图 5-23 所示。从图中可以看出，随着噪声强度的不断增加，速度的概率密度分布范围逐渐增大，概率密度峰值不断下降，说明随机激励对于系统的影响在不断加强。在小噪声激励下，系统原本的特征并没有明显改变，GCM 方法和 MC 模拟有着较好的吻合，充分说明方法具有广泛的适用性。

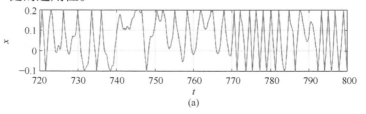

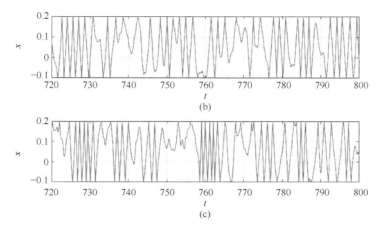

图 5-22　不同噪声强度下碰撞过程的时间历程图

(a) D=0.01；(b) D=0.02；(c) D=0.03

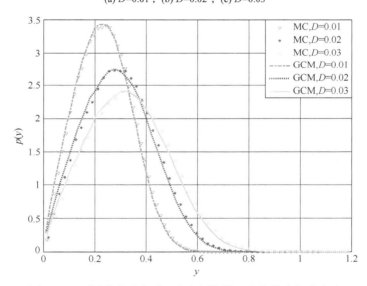

图 5-23　不同噪声强度时 y 在左侧接触面上的稳态概率密度

5.4.5　高斯色噪声激励下的情形

当外部噪声 $W(t)$ 满足 Ornstein-Uhlenbeck(O-U)过程时，系统(5-25)受到一个色噪声激励，用 $\eta(t)$ 表示，并且具有以下特征[14-17]：

$$E[\eta(t)]=0，\quad E[\eta(t)\eta(t+\tau)]=D\mu\exp(-\mu|\tau|) \tag{5-28}$$

式中，μ 为相关时间的倒数，并且 $\eta(t)$ 的初始分布满足：

$$p(\eta_0)=(2\pi\sigma\mu)^{-1/2}\exp(-\eta_0^2/2\sigma\mu) \tag{5-29}$$

此类 O-U 色噪声，并不满足马尔可夫性，需要先将其转化为等价的高维白噪声，并利用随机龙格-库塔算法实现该过程。O-U 色噪声激励下的二维随机系统可以表示成白噪声激励下的三维系统：

$$\begin{cases} x = f_1(x,y,t,\eta) \\ y = f_2(x,y,t,\eta) \\ \dot{\eta} = h(\eta) + \mu\xi(t) \end{cases} \tag{5-30}$$

式中，$f(x,y,t,\eta) = f(x,y,t) + \eta$；$h(\eta) = -\mu\eta$；$\xi(t)$ 为高斯白噪声。系统(5-30)的二阶随机龙格-库塔迭代算法[12]如下：

$$\begin{cases} x(\Delta t) = x_0 + \dfrac{1}{2}\Delta t(k_1 + k_2) \\ y(\Delta t) = y_0 + \dfrac{1}{2}\Delta t(m_1 + m_2) \\ \eta(\Delta t) = \eta_0 + \dfrac{1}{2}\Delta t(n_1 + n_2) + \left(2D\mu^2\Delta t\right)^{1/2}\xi \end{cases} \tag{5-31}$$

并且，

$$\begin{cases} k_1 = f_1(x_0,y_0,t_0,\eta) \\ k_2 = f_1\left(x_0 + \Delta t k_1, y_0 + \Delta t m_1, t_0 + \Delta t, \eta_0 + \Delta t n_1 + \left(2D\mu^2\Delta t\right)^{\frac{1}{2}}\xi(t)\right) \\ m_1 = f_2(x_0,y_0,t_0,\eta) \\ m_2 = f_2\left(x_0 + \Delta t k_1, y_0 + \Delta t m_1, t_0 + \Delta t, \eta_0 + \Delta t n_1 + \left(2D\mu^2\Delta t\right)^{\frac{1}{2}}\xi(t)\right) \\ n_1 = h(\eta_0) \\ n_2 = h\left(\eta_0 + \Delta t n_1 + \left(2D\mu^2\Delta t\right)^{\frac{1}{2}}\xi(t)\right) \end{cases} \tag{5-32}$$

对于随机色噪声激励下的双边刚性碰撞系统，系统(5-25)、系统(5-26)可以分别表示为

$$\begin{cases} \dot{x} = y \\ \dot{y} = \eta(t) - cx + (a_1 y - a_2 y^2)y + f, \quad -\Delta_1 < x < \Delta_2 \\ \dot{\eta} = -\mu\eta + \mu\xi(t) \end{cases} \tag{5-33}$$

$$y_+ = -ry_-, \quad x = -\Delta_1, \Delta_2 \tag{5-34}$$

接下来，研究系统(5-33)和系统(5-34)在不同相关时间取值，即 μ 不同时，系统稳态响应在接触面上的演化过程。固定噪声强度 $D = 0.01$，$\Delta_1 = -0.1$，$\Delta_2 = 0.2$，分别选择 μ 为 0.3、0.8 和 1.5，图 5-24 展示了 O-U 色噪声激励下不同 μ 的时间历程图。根据 5.2.2 小节中提出的过程，考虑 y 在左侧接触面 Δ_1 上的稳态概率密度，相应结果见图 5-25。图中不同线形分别为不同相关时间的色噪声稳态响应结果，最下方为噪声强度为 $D = 0.01$ 的高斯白噪声模拟结果。从图中可以看出，当 μ 较小时，色噪声对系统的影响较大，相比于高斯白噪声，此时概率密度峰值对应的 y 值较大，表明系统碰撞后，动能消耗较大。随着相关时间倒数 μ 的不断增大，概率密度峰值不断下降，并且速度的分布逐渐增大，此时的色噪声响应逐渐向同样噪声强度的高斯白噪声响应趋近。

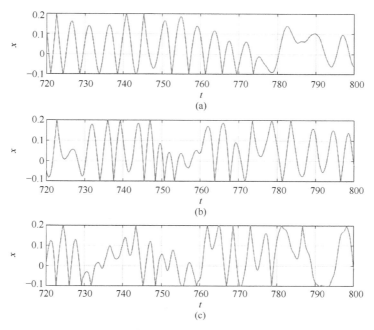

图 5-24　O-U 色噪声激励下不同 μ 的时间历程图

(a) $\mu = 0.3$；(b) $\mu = 0.8$；(c) $\mu = 1.5$

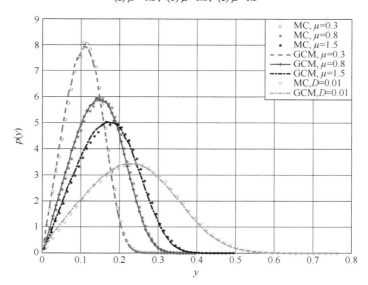

图 5-25　O-U 色噪声激励下不同 μ 时 y 在左侧接触面上的稳态概率密度

本节针对非光滑特性最强的双边刚性碰撞振动系统，分析了一种计算此类系统概率密度响应的新方法，具体结论如下：

(1) 为了保证状态空间的连续性，在不使用非光滑变换的基础上，设计了随机样本从一侧接触面出发，在与另一侧发生瞬时碰撞后返回原先接触面并产生第二次瞬时碰撞后的落点作为一个完整的映射过程。

（2）结合 GCM 理论，将此完整的映射过程考虑为一步转移概率时长，从而将对应的离散状态空间建立在初始的接触面上，经过若干次映射过程后，可以得到系统在初始接触面上的稳态概率密度响应。

（3）利用一个在高斯白噪声激励下的双边刚性碰撞系统，考虑不同的系统参数对于新方法的适用性，包括不同的初始位置、碰撞距离、恢复系数、高斯噪声强度等。

（4）当外部噪声为满足 O-U 过程的色噪声时，将其转化为等价的白噪声形式后，研究了不同的色噪声相关时间对于新方法计算稳态概率密度响应的准确性。

本书提出的新方法不同于常规分析角度，并且充分利用了碰撞振动系统的特点。通过与蒙特卡洛模拟的对比，说明了该方法的准确性和可行性。

5.5　本章小结

本章针对随机噪声激励下含单边和双边刚性碰撞振动系统随机响应求解问题，提出了一种在保留非光滑特性前提下的基于 GCM 方法的快速响应求解方法。通过多个算例详细分析了该方法的有效性和适应性，可以看出所提方法在响应计算时间上有着明显的优势，并且对于系统参数没有限制要求，能够解决多种噪声激励下系统的响应分析。

参 考 文 献

[1] SUN D Y, ZHANG B Q, LIANG X F,et al.Dynamic analysis of a simplified flexible manipulator with interval joint clearances and random material properties[J]. Nonlinear Dynamics, 2019, 98(2): 1049-1063.

[2] SUZUKI Y, SUZUKI T, TODOROKI A, et al.Smart lightning protection skin for real-time load monitoring of composite aircraft structures under multiple impacts[J]. Composites Part A: Applied Science and Manufacturing, 2014, 67A: 44-54.

[3] ZHANG L, MA Y H, LIANG Z C, et al. Constraint model and vibration response analysis of rotor rub-impact[J]. Beijing Hangkong Hangtian Daxue Xuebao, 2015, 41(9): 1631-1637.

[4] KUMAR P, NARAYANAN S, GUPTA S. Bifurcation analysis of a stochastically excited vibro-impact Duffing-Van der Pol oscillator with bilateral rigid barriers[J]. International Journal of Mechanical Sciences, 2017, 127: 103-117.

[5] QIAN J M, CHEN L C. Random vibration of SDOF vibro-impact oscillators with restitution factor related to velocity under wide-band noise excitations[J]. Mechanical Systems and Signal Processing, 2021, 147: 107082.

[6] QIAO Y, XU W, SUN J J, et al. Reliability of electrostatically actuated MEMS resonators to random mass disturbance[J]. Mechanical Systems and Signal Processing, 2019, 121: 711-724.

[7] YANG G D, WEI X, GU X D, et al. Response analysis for a vibroimpact Duffing system with bilateral barriers under external and parametric Gaussian white noises[J]. Chaos, Solitons and Fractals, 2016, 87: 125-135.

[8] ZHURAVLEV V F.A method for analyzing vibration-impact systems by means of special functions[J]. Mechanics of Solids, 1976, 11(2): 23-27.

[9] 冯进钤. 典型非光滑系统复杂动力学的研究[D]. 西安: 西北工业大学, 2009.

[10] WANG L, MA S C, SUN C Y, et al. The stochastic response of a class of impact systems calculated by a new strategy based on generalized cell mapping method[J]. Journal of Applied Mechanics-Transaction of

the ASME, 2018, 85(5): 054502.

[11] 岳晓乐. 一类高效胞映射方法及其在动力系统中的应用研究[D]. 西安: 西北工业大学, 2012.

[12] MA S C, NING X, WANG L, et al. A novel method for solving response of stochastic vibro-impact systems with two stoppers[J]. Journal of Sound and Vibration, 2023, 558: 117778.

[13] ROY R V, NAUMAN E. Noise-induced effects on a non-linear oscillator[J]. Journal of Sound and Vibration, 1995, 183(2): 269-295.

[14] HONEYCUTT R L. Stochastic Runge-Kutta algorithms. II. Colored noise[J]. Physical Review A, 1992, 45(2): 604-610.

[15] LUO X Q, ZHU S Q. Stochastic resonance driven by two different kinds of colored noise in a bistable system[J]. Physical Review E, 2003, 67(2): 21104.

[16] 靳艳飞, 李贝. 色关联的乘性和加性色噪声激励下分段非线性模型的随机共振[J]. 物理学报, 2014, 63(21): 210501.

[17] WANG L, HUANG M, YUE X L, et al. The stochastic dynamical behaviors of the gene regulatory circuit in Bacillus subtilis[J]. AIP Advances, 2018, 8(6): 065302.

第 6 章

工程应用专题

6.1 引　言

前文已经介绍，非光滑系统广泛存在于实际工程中，各种类型的机械系统，如飞机机翼、能量采集、带间隙的柔性机械手、涡轮中动静相互作用等，不可避免地会产生非光滑动力学[1-7]行为。特别是，人们发现处理随机扰动下的非光滑系统往往是一项繁琐的任务[8-12]。由于状态空间和雅可比矩阵的不连续，非光滑系统在噪声激励下的随机响应进一步增加了理论分析的难度[13-17]，因此研究这类系统的随机响应具有重要的意义。

利用本书提出的改进 GCM 非光滑系统响应求解方法，本章将通过三个专题详细分析算例的随机动力学行为，进一步验证所提方法的快速性和有效性。

6.2 摩擦和弹性碰撞的机电 Rayleigh-Duffing 振子随机动力学分析

众所周知，由摩擦和冲击等非光滑因素描述的非光滑振荡器在机械工程中广泛存在，它们含有丰富的动态特性。同时，随机扰动已被证明会影响非光滑系统的稳定性，包括随机分岔[18-19]、随机过渡[20-21]等，受到了学者们的广泛关注。特别是，结构中的振荡器受到冲击和摩擦的共同作用，对这类系统的随机响应的研究对实际应用具有重要的指导意义[22-25]。例如，在文献[22]中，作者讨论了有冲击和摩擦的胶囊系统的随机响应，该系统被用于临床内窥镜检查。Von Kluge 等[23]分析了冲击和摩擦对地震中建筑结构稳定性的综合影响。Yang 等[25]研究了分数阶系统中的随机分叉现象，并将其应用于黏弹性材料中。因此，可以看出摩擦和碰撞的联合作用在各种工程系统中广泛发生。

Rayleigh-Duffing 振子可以用来模拟许多物理和机械系统，受到了学者们的广泛关注。例如，对于修正的 Rayleigh-Duffing 振子的动力学性质，如倍周期分岔、混沌、激变等已有一些研究[26-33]。Yamapi 等[26]讨论了一种自维持的机电系统的动力学问题，该系统由 Rayleigh-Duffing 振子与线性机械振荡器磁耦合组成。Kanai 等[27]引入了一个负线性刚度和负线性阻尼的 Rayleigh-Duffing 系统，并通过摄动方法讨论了极限环的产生-湮灭过程。Siewe 等[28]同样利用 Mel'nikov 方法得到了该振子出现的 Smale 马蹄形混沌的阈值条件。Chen 等[29-30]利用数值模拟方法分析了 Rayleigh-Duffing 振子随系统参数变化的全局动力学。在文献[31]中，作者利用 Mel'nikov 方法得到了分数阶 Rayleigh-Duffing 振子混沌运动的条件，并研究了参数未知的改进 Rayleigh-Duffing 振子的自适应同步和参数辨识。最近，Wang 等[32-33]考虑了非光滑 Rayleigh-Duffing 振子的全局动力学，以便将其应用于具有船舶横摇阻尼的模型。除此以外，Zhou 等[34]利用 Mel'nikov 方法研究了非光滑周期扰动和谐和激励共同作用下的 Rayleigh-Duffing 振子的混沌运动。

对于随机激励下的 Rayleigh-Duffing 模型，Xie 等[35-36]利用 Gauss-Legendre 路径积分思想，得到了受谐波和随机激励的 Rayleigh-Duffing 振子的稳态周期解。徐伟等[37]借助非光滑变换，将含随机参激的 Rayleigh-Duffing 碰撞振动系统转化为近似光滑系统后，基于等效非线性方法分析了系统的稳态概率密度函数。根据参考文献[23]可知，时滞反馈 Rayleigh-Duffing 系统的平均 Itô 分数阶随机微分方程是利用广义调和函数推导出来的，通过求解简化后的 FPK 方程，解析光滑系统的概率密度函数，并且分数阶参数和时滞可能导致随机 P 分岔现象出现。

综上所述，学者们对 Rayleigh-Duffing 振子的动力学特性进行了研究，但很少有研究关注非光滑 Rayleigh-Duffing 振子在噪声摄动下的响应分析，特别是在多个非光滑因素的影响下，这种振子的稳态响应演化。因此，基于这一观点，本节的目的是研究在噪声干扰和外部周期激励下，非光滑摩擦和弹性碰撞联合作用下 Rayleigh-Duffing 振子的响应特性。

本节内容安排如下。首先，介绍飞行器中受弹性碰撞和 Coulomb 摩擦力共同作用的 Rayleigh-Duffing 振子模型；其次，通过第 3 章、第 4 章介绍的 GCM 快速响应数值求解方法计算该非光滑 Rayleigh-Duffing 系统的概率密度响应；最后，分析不同的非光滑参数诱导系统的随机 P 分岔行为，详细讨论无谐和激励和有谐和激励的情况，并给出了计算结果，通过与蒙特卡洛(MC)模拟结果的比较验证了该方法的有效性。

飞行器机电结构中的 Rayleigh-Duffing 振子会受到摩擦力和弹性碰撞的共同作用，研究这类系统的随机响应对实际应用具有一定的指导意义。含摩擦力和弹性碰撞的 Rayleigh-Duffing 振子在随机激励下的无量纲动力学系统可以分别表示为[38]

$$
\begin{cases}
\dot{x} = y \\
\dot{y} = \mu(1-y^2)y + \alpha x - \beta x^3 - f_e(x,y) - f_C\,\mathrm{sgn}(\dot{x}) + \xi(t)
\end{cases}
\tag{6-1}
$$

$$
f_e(x,\dot{x}) = \begin{cases}
k_1(x-\varDelta) + c_1\dot{x}, & x \geqslant \varDelta \\
0, & x < \varDelta
\end{cases}
\tag{6-2}
$$

式中，μ 是系统的非线性阻尼系数；$f_C\,\mathrm{sgn}(\dot{x})$ 是 Coulomb 摩擦力；$\xi(t)$ 是随机激励。方程(6-2)表示弹性碰撞过程。本节中，利用第 3 章和第 4 章提出的 GCM 策略，分别研究在随机激励和谐和激励作用下摩擦力和弹性碰撞对系统稳态响应的影响。

6.2.1　无谐和激励情形

考虑系统仅受随机激励的情形下，根据第 2 章和第 3 章提出的针对自治非光滑系统的 GCM 方法，固定 $\alpha = 0.55$，$\beta = 0.05$，$c_1 = 0.06$，噪声激励为高斯白噪声，强度为 0.01，分别考虑非线性阻尼系数 μ、摩擦系数 f_C 和接触面弹性系数 k_1 变化时对系统稳态概率密度响应的影响。

6.2.1.1 非线性阻尼系数的影响

首先，对于非线性阻尼系数 μ，选择摩擦系数 $f_C = 0.03$，接触面弹性系数 $k_1 = 0.8$，根据 GCM 方法将区域 $\Omega = \{-5 \leqslant x \leqslant 2, -2 \leqslant y \leqslant 2\}$ 均匀地划分为 (50×50) 个离散小间隔，每个间隔选择 200 个样本，共计样本数 500000。图 6-1 展示了 GCM 方法和 MC 模拟分别得到的稳态边缘概率密度函数。图 6-1 中使用不同的线和点迹分别代表 $\mu = 0.05$、0.09、0.12 和 0.16 时的结果。x 和 y 的稳态边缘概率密度都随着 μ 的增大逐渐减小，呈现出由单峰形态变为双峰形态的过程。

对于 x 和 y 的稳态联合概率密度，从图 6-2 中可以看出，当 $\mu = 0.05$ 时，系统呈现明显的单峰；随着 μ 增大到 0.09，稳态联合概率密度峰值下降，周边稳态联合概率密度分布逐渐凸起；当 $\mu = 0.12$ 时，原先的稳态联合概率密度峰值继续下降，此时稳态联合概率密度最大响应出现一个火山口形状；最后，当 $\mu = 0.16$ 时，系统稳态联合概率密度整体结构呈现火山口形态。以上的结果充分说明，Rayleigh-Duffing 振子的非线性阻尼系数在小范围变化时，系统的稳定性会发生定性的变化，导致系统出现随机 P 分岔现象。

6.2.1.2 Coulomb 摩擦力的影响

接下来，通过改变摩擦系数 f_C 的取值，考虑 Coulomb 摩擦力对系统的影响。选择区间为 $\Omega = \{-5 \leqslant x \leqslant 2.5, -2.5 \leqslant y \leqslant 2.5\}$，阻尼系数 $\mu = 0.02$，接触面弹性系数 $k_1 = 0.8$，f_C 取值分别为 0、0.03、0.05。其中，$f_C = 0$ 时，表示系统不存在摩擦力。得到的稳态概率密度函数在图 6-3 和图 6-4 中展示。

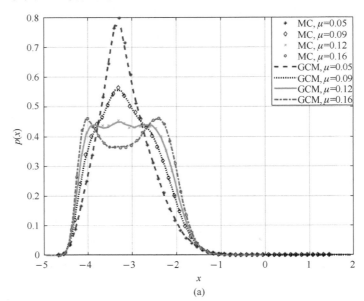

(a)

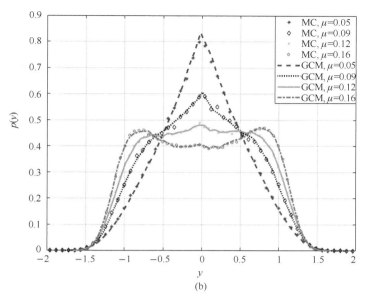

(b)

图 6-1　不同的非线性阻尼系数 μ，系统(6-1)和系统(6-2)的稳态边缘概率密度函数

(a) x 的稳态边缘概率密度函数；(b) y 的稳态边缘概率密度函数

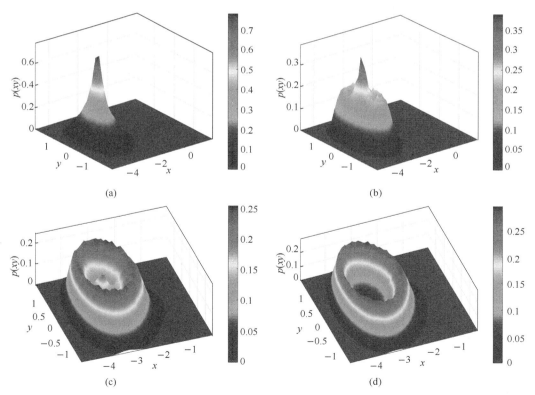

图 6-2　不同的非线性阻尼系数μ，系统(6-1)和系统(6-2)的稳态联合概率密度函数

(a) $\mu = 0.05$；(b) $\mu = 0.09$；(c) $\mu = 0.12$；(d) $\mu = 0.16$

对于图 6-3 中的稳态边缘概率密度，当 $f_C = 0$ 时，系统不存在摩擦力，此时稳态边缘概率密度表现为分布范围较大，并且 x 的稳态边缘概率密度分布存在双峰。当给系统施加摩擦力时，稳态边缘概率密度分布较为集中，呈现出明显的单峰结构，并且随着摩擦力的逐渐增大，概率密度峰值增高，分布更为集中。从图 6-3(b) 中关于 y 的稳态边缘概率密度分布可以看出，当 Coulomb 摩擦力不存在时，稳态响应分布范围较大，稳态边缘概率密度曲线平滑，当施加 Coulomb 摩擦力时，系统形成一个关于中轴对称的单稳态结构。

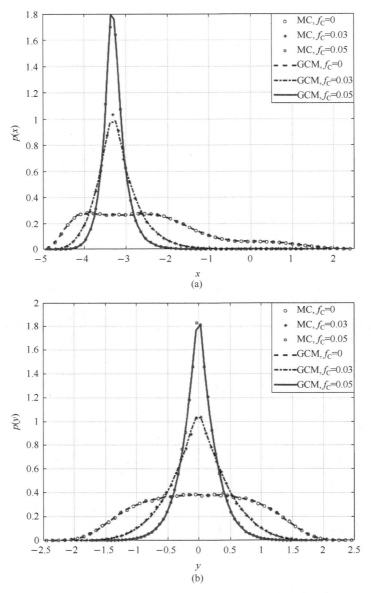

图 6-3 不同的摩擦系数 f_C，系统(6-1)和系统(6-2)的稳态边缘概率密度函数

(a) x 的稳态边缘概率密度函数；(b) y 的稳态边缘概率密度函数

图 6-4 的稳态联合概率密度函数中，当 $f_C = 0$ 时，其稳态联合概率密度分布为火山口的形状，并且还存在部分的凸起。这说明当系统没有 Coulomb 摩擦力时，弹性碰撞会使得系统表现出复杂的特性。当系统存在 Coulomb 摩擦力时，稳态联合概率密度函数呈现出稳定的单峰结构，并且随着 f_C 的增大，峰值更高。因此，给系统施加 Coulomb 摩擦力，会使得系统的稳定性大大提升。

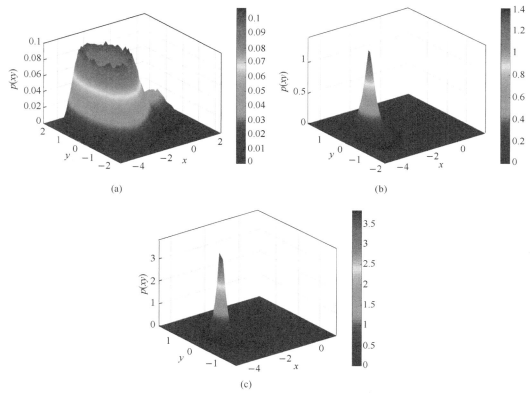

图 6-4　不同的摩擦系数 f_C，系统(6-1)和系统(6-2)的稳态联合概率密度函数

(a)$f_C = 0$；(b)$f_C = 0.03$；(c)$f_C = 0.05$

6.2.1.3　弹性碰撞的影响

通过改变接触面弹性系数 k_1 的取值，讨论弹性碰撞对系统稳定性的影响。选择区间为 $\Omega = \{-6 \leqslant x \leqslant 4, -3 \leqslant y \leqslant 3\}$，$\mu = 0.02$，摩擦系数 $f_C = 0.03$，接触面弹性系数 k_1 分别为 0.3、0.5、0.8。同样选取 500000 个样本构建一步转移概率矩阵，从而利用 GCM 方法得到系统稳态概率密度函数，如图 6-5 和图 6-6 所示。从图 6-5(a)中可以发现，当弹性系数 $k_1 = 0.3$ 时，x 的稳态边缘概率密度是一个双峰结构；当 $k_1 = 0.5$ 时，右侧峰消失，其稳态边缘概率密度转移到左侧峰，并且对应的峰值逐渐增大；当 $k_1 = 0.8$ 时，稳态边缘概率密度并没有明显变化。图 6-5(b)中速度 y 的稳态边缘概率密度则始终呈现单峰构型，其稳态边缘概率密度分布中轴对称，并且随着 k_1 的逐渐增大，其稳态边缘概率密度峰值逐渐下降，且增大到一定范围后，概率分布不再变化。对于稳态联合概率密度函数，图 6-6 同

样展示了这一变化趋势。图 6-6(a)中，稳态联合概率密度有着明显的双峰，而继续增大 k_1 后，双峰变单峰，并且其稳态联合概率密度拓扑结构几乎一样，不再随 k_1 变化。通过研究接触面弹性系数 k_1 取值的变化，可以看出，接触面弹性系数越大，碰撞后发生的弹性形变越剧烈，但系统会越加趋于一个更为稳定的状态，并且达在一定值后，弹性系数不再影响系统稳定性。

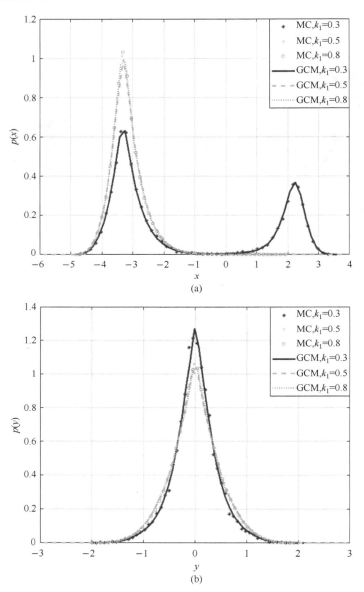

图 6-5　不同的接触面弹性系数 k_1，系统(6-1)和系统(6-2)的稳态边缘概率密度函数

(a) x 的稳态边缘概率密度函数；(b) y 的稳态边缘概率密度函数

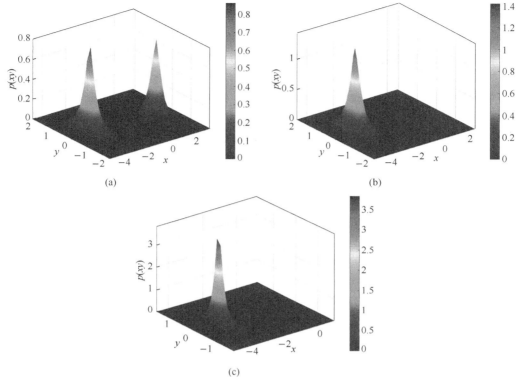

图 6-6　不同的接触面弹性系数 k_1，系统(6-1)和系统(6-2)的稳态联合概率密度函数
(a) $k_1 = 0.3$；(b) $k_1 = 0.5$；(c) $k_1 = 0.8$

6.2.2　有谐和激励情形

当 Rayleigh-Duffing 振子存在谐和周期激励时，考虑该非自治系统参数、Coulomb 摩擦力和弹性碰撞对系统随机稳态性的影响。此时系统(6-1)和系统(6-2)改写为

$$\begin{cases} \dot{x} = y \\ \dot{y} = \mu\left(1 - y^2\right)y + \alpha x - \beta x^3 - f_{\mathrm{e}}\left(x, \dot{x}\right) - f_{\mathrm{C}}\,\mathrm{sgn}\left(\dot{x}\right) + F\cos\left(\omega t\right) + \xi\left(t\right) \end{cases} \tag{6-3}$$

$$f_{\mathrm{e}}\left(x, y\right) = \begin{cases} k_1\left(x - \varDelta\right) + c_1 y, & x \geqslant \varDelta \\ 0, & x < \varDelta \end{cases} \tag{6-4}$$

式中，$F\cos\left(\omega t\right)$ 为外激周期激励。对于非自治的弹性碰撞系统，利用第 4 章提出的改进 GCM 方法，将时间 t 作为一个状态变量，该系统可以转化为

$$\begin{cases} \dot{x} = y \\ \dot{y} = \mu\left(1 - y^2\right)y + \alpha x - \beta x^3 - f_{\mathrm{e}}\left(x, y\right) - f_{\mathrm{C}}\,\mathrm{sgn}\left(y\right) + F\cos\left(\omega t\right) + \xi\left(t\right) \\ \dot{\tau} = 1 \end{cases} \tag{6-5}$$

$$f_{\mathrm{e}}(x,y) = \begin{cases} k_1(x-\varDelta) + c_1 y, & x \geqslant \varDelta \\ 0, & x < \varDelta \end{cases} \tag{6-6}$$

利用系统(6-5)和系统(6-6)，通过构建离散状态空间，以外激周期作为一步转移概率时长，研究外激振幅、非线性阻尼系数对系统稳态响应的影响。进一步考虑 Coulomb 摩擦力和碰撞弹性系数变化时系统随机响应的演变。

6.2.2.1 外激振幅的影响

本小节考虑系统外激振幅 F 对概率密度响应的作用。选取 $F = 0$、0.23 和 0.50 时的情形，其中 $F = 0$ 表示系统不存在谐和激励。固定非线性阻尼系数 $\mu = 0.02$，摩擦系数 $f_{\mathrm{C}} = 0.03$ 和接触面弹性系数 $k_1 = 0.8$，在选定感兴趣区域 $\varOmega = \{-5 \leqslant x \leqslant 4, -3 \leqslant y \leqslant 3, \tau\}$ 内划分 $(50 \times 50 \times 1)$ 个间隔，每个间隔选取 200 个样本数，取 50 个外激周期后，对系统已经进入稳态响应的结果进行分析，得到的稳态边缘概率密度函数如图 6-7 所示。图中显示，当外激振幅不存在时，x 和 y 的稳态边缘概率密度都较为稳定；当外激振幅 $F = 0.23$ 时，x 的稳态边缘概率密度响应出现分岔现象，部分稳态边缘概率密度由一侧的单峰迁移到另一个峰上，然而速度 y 并未出现分岔现象，其稳态边缘概率密度峰值出现下降；当 $F = 0.50$ 时，x 存在明显的双峰结构，且概率分布较为平均，同时 y 也出现分岔现象。图 6-8 则是不同外激振幅 F 时稳态联合概率密度函数的 GCM 结果。在图中，当 $F = 0$ 时，系统是明显的单峰构型，施加一定的外激力时，系统稳定吸引子发生变化，稳态联合概率密度峰值下降，分布概率流向其他区域，继续增大 F，系统出现稳定的双峰构型。因此，一定的外激力可能会诱导系统稳定性的变化，实际操作中的外激振幅不宜过大。

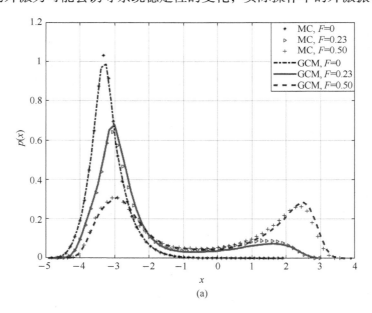

(a)

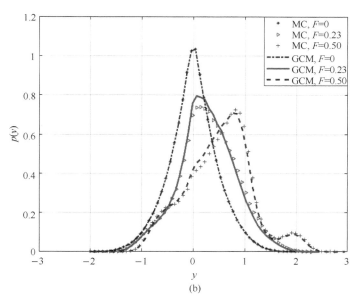

(b)

图 6-7　不同的外激振幅 F，系统(6-5)和系统(6-6)的稳态边缘概率密度函数
(a) x 的稳态边缘概率密度函数；(b) y 的稳态边缘概率密度函数

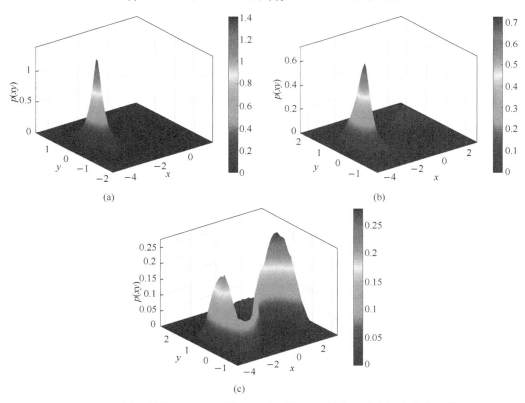

(a)

(b)

(c)

图 6-8　不同的外激振幅 F，系统(6-5)和系统(6-6)的稳态联合概率密度函数
(a) $F=0$；(b) $F=0.23$；(c) $F=0.50$

6.2.2.2　非线性阻尼系数的影响

考虑在外激周期激励下的 Rayleigh-Duffing 含摩擦弹性碰撞系统非线性阻尼对随机响应的影响。选择 $F=0.23$，$\omega=0.5$，其他参数固定。类似于自治系统，非线性阻尼系数 μ 分别选取 0.05、0.09、0.12 和 0.16，GCM 方法划分的区间为 $\Omega=\{-5\leqslant x\leqslant 3,-5\leqslant y\leqslant 3,\tau\}$，计算得到如图 6-9 所示的稳态边缘概率密度函数。对于 Rayleigh-Duffing 振子的位移 x 和速度 y，随着 μ 的变化，其随机稳态响应发生了复杂的演化。当 $\mu=0.05$ 时，x 的稳态边缘

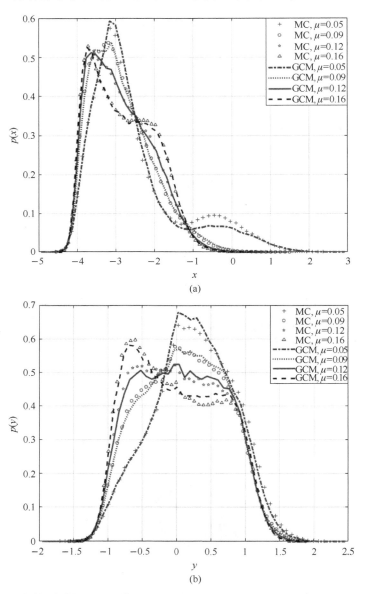

图 6-9　不同的非线性阻尼系数 μ，系统(6-5)和系统(6-6)的稳态边缘概率密度函数

(a) x 的稳态边缘概率密度函数；(b) y 的稳态边缘概率密度函数

概率密度呈现双峰，而速度 y 的稳态边缘概率密度则是一个单峰；继续增大 μ，x 的双峰消失，稳态边缘概率密度分布集中于一个峰，并且其峰值下降，最大可能性响应发生偏移，速度 y 的响应分布同样发生了明显变化，不再是单峰结构，其稳态边缘概率密度呈现一种较为均匀的分布；当 $\mu = 0.16$ 时，x 和 y 的稳态边缘概率密度分布再次发生明显变化，都出现双峰的构型。通过与无谐和激励情形的系统得到结果(图 6-1)的比较可以发现，谐和激励会对 Rayleigh-Duffing 稳定性造成一定影响，因此在周期谐和激励下，非线性阻尼系数不宜过大。图 6-10 展示了不同的非线性阻尼系数 μ 得到的系统的稳态联合概率密度函数。分析发现，稳态联合概率密度分布经历了由双峰到单峰，再到不规则的火山口形状的过程，同样相比自治系统，谐和激励对于系统动力学行为的作用更加复杂。

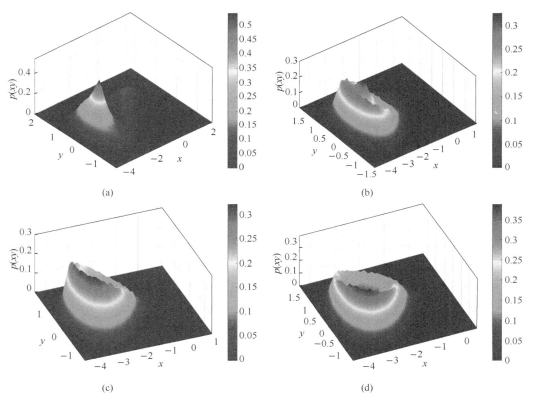

图 6-10　不同的非线性阻尼系数 μ，系统(6-5)和系统(6-6)的稳态联合概率密度函数
(a) $\mu = 0.05$；(b) $\mu = 0.09$；(c) $\mu = 0.12$；(d) $\mu = 0.16$

6.2.2.3　Coulomb 摩擦力的影响

接下来，通过改变摩擦系数 f_C，考虑在谐和激励作用下的 Coulomb 摩擦力对系统稳态响应的影响。按照提出的改进 GCM 方法，划分感兴趣区域 $\Omega = \{-5 \leqslant x \leqslant 4, -2 \leqslant y \leqslant 2.5, \tau\}$ 为 $(50 \times 50 \times 1)$ 个离散间隔，摩擦系数 f_C 选择 0、0.03 和 0.05，$f_C = 0$ 表示系统不存在摩擦力。相应的稳态边缘概率密度函数由图 6-11 呈现。从图中可以分析出，当系统不存在摩擦力时，其稳态边缘概率密度分布值较小，x 的边缘呈现出双峰形态，y 则是一个单峰结

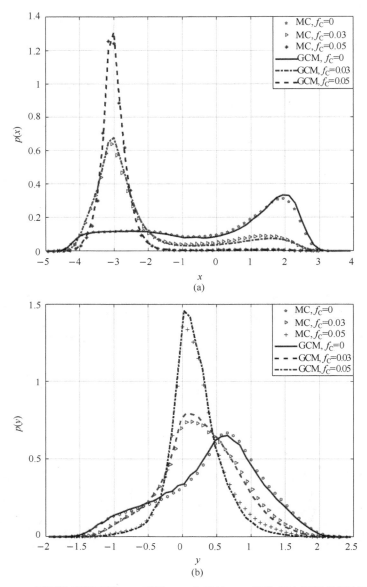

图 6-11   不同的摩擦系数 f_{C}，系统(6-5)和系统(6-6)的稳态边缘概率密度函数
(a) x 的稳态边缘概率密度函数；(b) y 的稳态边缘概率密度函数

构；当系统存在摩擦力时，对于 x 的稳态边缘概率密度响应，原先右侧的峰逐渐下降，其概率密度流向左侧，从而左侧峰的峰值变高，其最大可能性响应增大，与此同时，y 的最大可能性响应位置也发生了偏移；继续增大 f_{C}，当 $f_{\mathrm{C}} = 0.05$ 时，系统只剩下单峰结构，达到一个较为稳定的状态。比较自治系统情形，可以发现，在谐和激励下，系统需要更大的摩擦力才能达到一个稳定的单稳态形态。对于稳态联合概率密度函数，在图 6-12 中，当系统不存在摩擦力时，呈现出一个较低的概率密度分布峰，以及一个相对较小的峰，其概率密度拓扑结构复杂，并且明显不同于图 6-4(a)中的无谐和激励情形；当 $f_{\mathrm{C}} = 0.03$

时，系统存在 Coulomb 摩擦力，此时左侧概率密度峰值较高，右侧概率密度峰值较低，概率密度由右侧逐渐流向左侧；当 $f_C = 0.05$ 时，右侧峰消失，系统进入稳定的单峰结构。

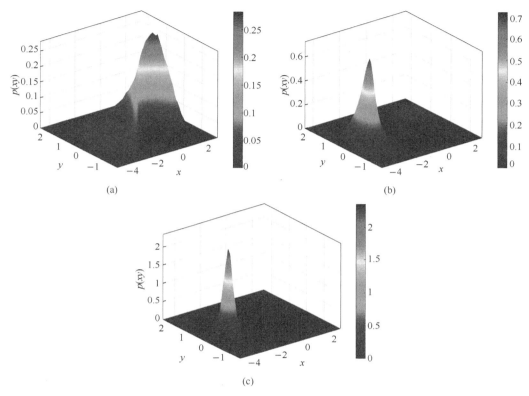

图 6-12　不同的摩擦系数 f_C，系统(6-5)和系统(6-6)的稳态联合概率密度函数
(a) $f_C = 0$；(b) $f_C = 0.03$；(c) $f_C = 0.05$

6.2.2.4　弹性碰撞的影响

利用接触面弹性系数研究弹性碰撞对于系统稳态响应的影响。固定外激振幅 $F = 0.23$，非线性阻尼系数 $\mu = 0.02$，摩擦系数 $f_C = 0.03$，改进 GCM 方法的划分区域为 $\Omega = \{-5 \leqslant x \leqslant 5, -2 \leqslant y \leqslant 3, \tau\}$，选择 $k_1 = 0.3$、0.5、0.8、1.2 和 1.5 时，计算系统在随机激励下的稳态响应，稳态边缘概率密度函数如图 6-13 所示。从图 6-13(a)中可以看出，当 $k_1 = 0.3$ 时，系统存在明显的双峰，且左侧峰值较高，右侧峰值较低；不断增大弹性系数，其概率密度拓扑结构并没有明显变化，但左侧峰值逐渐升高，右侧峰值不断下降，这说明随着 k_1 的增大，概率密度集中于左侧吸引子；当 $k_1 = 1.2$ 时，右侧峰几乎消失，系统开始进入单稳态。除此以外，对比自治系统图 6-5(a)，非自治系统需要更大的接触面弹性系数才能保证系统达到单稳态。图 6-13(b)展示了速度 y 的稳态边缘概率密度函数变化，当 $k_1 = 0.3$ 时，系统出现双峰，并且右侧峰值较高，左侧峰值较低；增大 k_1 至 0.5 时，系统的两个峰值基本保持一致；继续增大 k_1 至 0.8，此时右侧峰消失，系统仅剩下单峰，并开始进入单稳态；当 $k_1 = 1.2$ 时，系统单稳态峰值增大，不再变化。同样对比自

治系统图 6-5(b)，可以发现，在弹性系数取值较小时，谐和激励的存在会诱导系统速度 y 出现双稳态，并且速度 y 变为单稳态需要更大的弹性系数值。图 6-14 给出了对应 $k_1 =$ 0.3、0.5、0.8、1.2 和 1.5 的 x 和 y 的稳态联合概率密度函数。在图 6-14 中，当 $k_1 = 0.3$、0.5 和 0.8 时，系统出现两个峰值，其中左侧峰值较高，右侧峰值较低，并且随着 k_1 的不断增大，右侧峰值不断下降，其概率密度逐渐流向左侧。继续增大 k_1 至 1.2 发现，稳态联合概率密度几乎只剩下左侧一个"尖耸"的单峰，系统进入单稳态结构。有谐和激励的系统在不同接触面弹性系数作用下，其稳态响应结果明显不同于无谐和激励的系统。

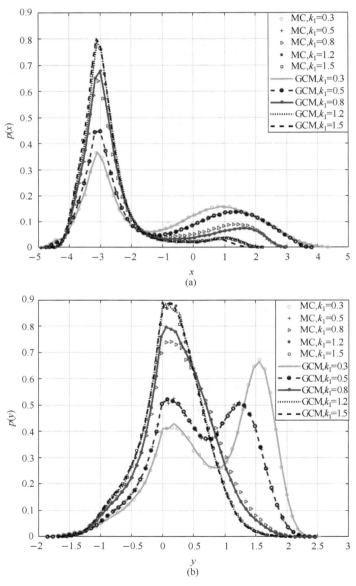

图 6-13 不同的接触面弹性系数 k_1，系统(6-5)和系统(6-6)的稳态边缘概率密度函数

(a) x 的稳态边缘概率密度函数；(b) y 的稳态边缘概率密度函数

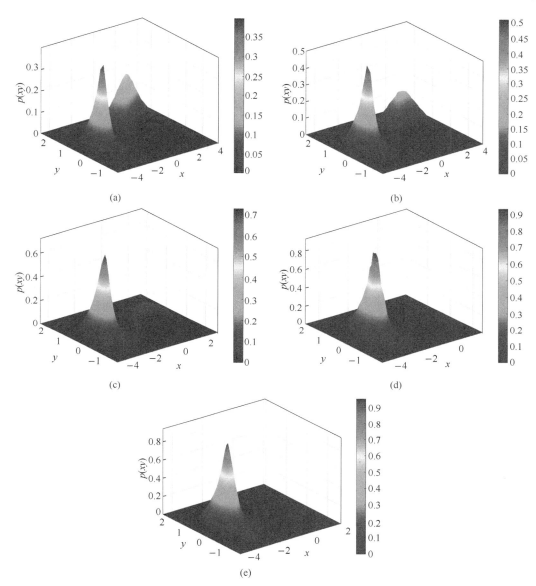

图 6-14 不同的接触面弹性系数 k_1，系统(6-5)和系统(6-6)的稳态联合概率密度函数

(a) $k_1 = 0.3$；(b) $k_1 = 0.5$；(c) $k_1 = 0.8$；(d) $k_1 = 1.2$；(e) $k_1 = 1.5$

本节研究了具有 Coulomb 摩擦力和弹性碰撞的 Rayleigh-Duffing 振子在随机噪声激励下的稳态响应。分析了非线性阻尼系数、摩擦系数和接触面弹性系数对系统稳定性的影响，发现了系统参数变化时出现随机 P 分岔现象的结论包括：

(1) 针对无外激 Rayleigh-Duffing 系统，利用改进 GCM 方法，深入研究了非线性阻尼系数 μ 增大会诱导系统稳定性发生明显变化；Coulomb 摩擦力的存在会使得系统进入一个单稳态结构，并且摩擦力越大，最大可能性响应值越大；接触面弹性系数 k_1 值越大，同样会使系统进入单稳态结构，并且在一定取值后，系统稳态拓扑结构不再发生变化。

(2) 针对有外激的 Rayleigh-Duffing 系统，利用第 4 章提出的方法，发现了外激振幅变化时，系统出现的随机 P 分岔现象，得出外激振幅增大系统稳定性会发生质变的结论。在固定外激谐和激励的情况下，分析了非线性阻尼系数 μ、Coulomb 摩擦力和弹性碰撞变化时对系统稳态概率密度响应的演变过程，以及系统存在的复杂随机 P 分岔现象。

算例的结论表明，本书提出的 GCM 方法可以分析由多种非光滑因素共同作用的更为复杂系统的随机响应，能够用于实际工程问题。

6.3　三维单边刚性碰撞振动系统随机动力学分析

非光滑随机系统普遍存在于自然和实际问题中，表现出各种非线性动态行为。研究者越来越关注这类系统，一些有趣的结果已经发表在文献[10]和[39]上。随机扰动下振动冲击系统的响应分析已成为解析和数值方法研究的热点，如随机平均法[40-41]、路径积分法[42-44]、指数多项式闭合法[45-46]等。然而，由于振动冲击系统的非光滑特性，目前的方法还不能直接应用，必须对原系统进行近似简化。

本专题考虑一个三维液压安全阀在随机噪声激励下的随机响应问题。高维系统由于其维数高、方程复杂、难以简化，一直是一个研究难点，而高维碰撞振动系统由于具有非光滑的特性，研究起来更具挑战性。本节通过运用基于 GCM 理论的新方法，提出一种研究高维碰撞振动系统随机动力学的思路。

实际工程中的很多系统维数很高，液压安全阀模型便是其中的一种典型高维碰撞振动系统。图 6-15 是液压安全阀的实物图。液压安全阀在实际工程中经常可见，尤其在化

图 6-15　液压安全阀的实物图

工厂中生产各类化工原料、化工气体时，它是保证安全生产的重要结构。液压安全阀的动力系统方程相对比较复杂，且维数比较高，研究难度很大。它的基本原理是当管道内的介质压力过大时，便会将阀门顶起，多余的介质便会流出，当管道内的介质压力恢复正常时，阀门便自动回落。在此过程中，阀门会与连接体之间不断发生碰撞，进而引发颤振现象，其实质是一个高维碰撞振动系统。因此，液压安全阀的控制阀门便会经常发生劳损，对阀门的设计也需要不断改进，才能保证生产安全。由此可见，对液压安全阀的动力学研究具有实际意义。对液压安全阀动力学分析开始于 20 世纪 60 年代 Kasai[47-48]的研究工作，他研究了一类管道压力阀的稳定性。在此基础上，学者们进行了各种各样的非线性分析[49-50]。Hayashi 等[51]发现了一类液压安全阀存在的混沌现象。学者们主要通过控制流量和弹簧预压力的关系，研究了各种高维液压安全阀的分岔和混沌现象[52-54]。Csaba 等[55]完成了对一个三维液压安全阀模型的擦边分岔和颤振分析，并提出了对实用安全阀设计的一些可控性建议。本专题中使用的三维液压安全阀的物理模型来自文献[54]和[55]，图 6-16 是该物理模型的示意图。

6.3.1　液压安全阀的理论模型

从图 6-16 中可以看出，上方的液压安全阀与一个流体输送管道相连接，液体源源不断地进入流体输送管道。一旦管道所承受的压强达到上限，液压安全阀的阀门便会被顶起，超压的液体便会流出。当管道内压强回到可承受范围内，压力安全阀的阀门振子便会落下。在阀门抬起下落的过程中，便会与接触面不断地发生碰撞，这也是液压安全阀最容易发生劳损的部位之一。图 6-17 是安全阀的阀门振子的示意图，表 6-1 是图 6-16 物理模型无量纲化后物理参数及其代表含义，表 6-2 是图 6-17 阀门振子参数涉及物理量及其含义。

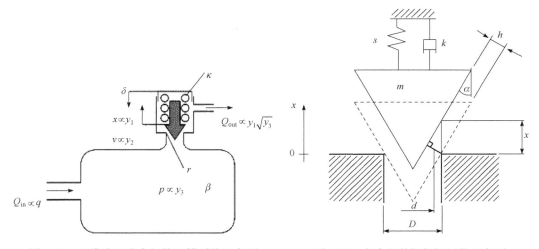

图 6-16　三维液压安全阀物理模型的示意图　　　图 6-17　安全阀的阀门振子的示意图

表 6-1　物理模型涉及的无量纲物理参数

无量纲化参数	参数物理含义
δ	弹簧的预压力
κ	阻尼系数
$x \propto y_1$	振子位移
$v \propto y_2$	振子速度
$p \propto y_3$	液体压强
$Q_{\text{out}} \propto y_1 \sqrt{y_3}$	流出的液体压强
$Q_{\text{in}} \propto q$	流入的液体压强，q 代表流速
r	恢复系数
β	弹性软管的刚度系数

表 6-2　阀门振子参数涉及物理量及其含义

无量纲化参数涉及物理量	物理量含义
m	振子质量
s	阀门弹簧刚度系数
k	阻尼系数

根据图 6-16、图 6-17 和表 6-1、表 6-2，无量纲化后的液压系统可以改写为

$$\begin{cases} \dot{y}_1 = y_2 \\ \dot{y}_2 = -\kappa y_2 - (y_1 + \delta) + y_3, \quad y_1 > 0 \\ \dot{y}_3 = \beta(q - y_1\sqrt{y_3}) \end{cases} \tag{6-7}$$

$$\begin{cases} y_2^+ = -ry_2^- \\ y_3^+ = y_3^- \end{cases}, \quad y_1 = 0 \tag{6-8}$$

其中，式(6-7)表示系统发生碰撞前，式(6-8)表示系统发生碰撞时。上述系统对应无量纲化后参数可以表示为

$$\kappa = \frac{k}{m}\sqrt{\frac{m}{s}} \tag{6-9}$$

$$\beta = \frac{E}{V}\frac{C_d c_1 A}{\rho}\sqrt{\frac{2p_0 m}{\rho s}} \tag{6-10}$$

$$\delta = \frac{sx_p}{Ap_0} \tag{6-11}$$

$$q = \frac{Q_{in}}{C_d c_1 \dfrac{A p_0}{s} \sqrt{2 \dfrac{p_0}{\rho}}} \qquad (6-12)$$

选取系统参数 $\beta = 20$、$r = 0.8$、$\kappa = 1.25$、$\delta = 10$。参数 q 的取值会影响系统碰撞的发生。对于确定性系统，考虑 q 的取值从大变小趋于 0 的过程。图 6-18 和图 6-19 分别为不同 q 值的系统相轨线图和时间历程图。可以看出，当 $q = 8$ 时，系统没有发生碰撞；当 q 减小到 7.1 时，有擦边碰撞现象；随着 q 的继续减小，当 $q = 6.1$ 时，系统会出现一个有趣的现象，周期-2 碰撞和周期-1 碰撞共存，并且周期-2 碰撞存在一个擦边分岔现象；之后 q 再减小时，系统只剩下周期-1 碰撞；当 $q = 1$ 时，可以清晰地看到碰撞以准周期状态出现；最后，当 $q < 1$ 时，系统经过一系列复杂过程进入了混沌状态[54]。

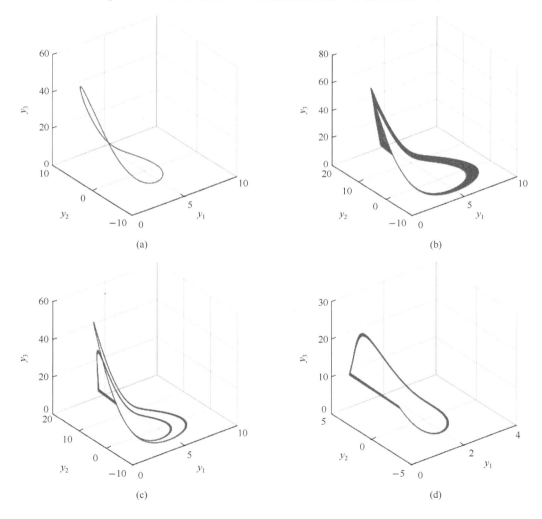

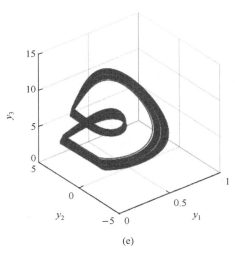

(e)

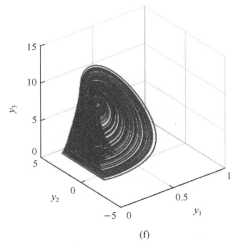

(f)

图 6-18　不同 q 值的系统相轨线图

(a) $q=8$；(b) $q=7.1$；(c) $q=6.1$；(d) $q=3$；(e) $q=1$；(f) $q=0.5$

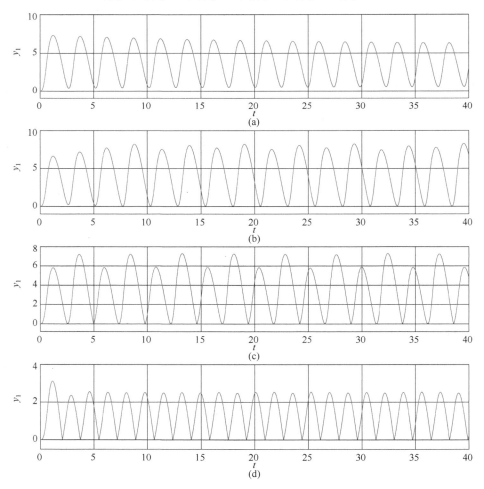

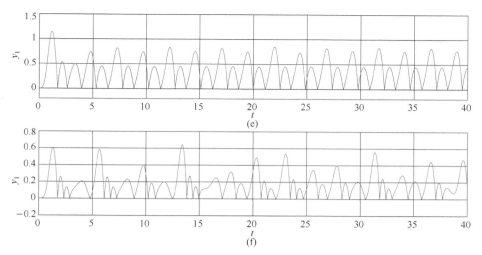

图 6-19 不同 q 值的时间历程图
(a) $q=8$；(b) $q=7.1$；(c) $q=6.1$；(d) $q=3$；(e) $q=1$；(f) $q=0.5$

6.3.2 三维系统的随机响应

对于液压安全阀，考虑如下具有噪声的系统[56]：

$$
\begin{cases}
\dot{y}_1 = y_2 \\
\dot{y}_2 = -\kappa y_2 - (y_1 + \delta) + y_3, \quad y_1 > 0 \\
\dot{y}_3 = \beta(q + \xi(t) - y_1\sqrt{y_3})
\end{cases}
\tag{6-13}
$$

$$
\begin{cases}
y_2^+ = -ry_2^- \\
y_3^+ = y_3^-
\end{cases}, \quad y_1 = 0
\tag{6-14}
$$

式中，$\xi(t)$ 代表高斯白噪声。利用本书介绍的基于 GCM 理论的单边碰撞振动系统响应求解新方法，将其推广到该三维碰撞振动系统，研究其在随机噪声激励下的响应问题。本小节通过选取几组参数，验证新方法的准确性和计算速度的高效性。

对于图 6-16 所示的物理模型，为了利用所提方法计算一步转移概率矩阵，依旧在接触面 $y_1 = 0$ 选取胞状态空间，系统感兴趣空间降为二维。由确定性系统动力学分析可知，在不同的流速 q 下，系统呈现不同的动力学特性。因此，选取不同 q 值，考虑在高斯白噪声强度为 $2\sigma = 0.02$ 时系统的稳态概率密度函数。

$q = 2$ 时，选取该系统的感兴趣区域为 $\Omega = \{y_1 = 0, 2.3 < y_2 < 2.5, 9 < y_3 < 10\}$。对于这个区域，将其均匀地分为 (50×50) 个胞。同时，每个胞产生 2000 条随机样本轨迹。那么，共计 5000000 条随机样本轨迹。用于比较的 MC 模拟也有同样的样本数。选取初值为满足均匀分布的概率向量，图 6-20 为当 $q = 2$ 时，系统在接触面上关于速度和压强的稳态边缘概率密度函数和稳态联合概率密度函数。由图可知，无论是稳态边缘概率密度函数，还是稳态联合概率密度函数，都呈现一个单峰状态，并且与 MC 模拟结果有着很好的吻合性。

当 $q=1.38$ 时，选取胞状态空间为 $\Omega=\{y_1=0,1.4<y_2<2.3,6.5<y_3<10\}$，其他条件不变。同样可以得到系统在接触面上关于速度和压强的稳态概率密度函数，如图 6-21 所示。从图中可以看出，稳态概率密度函数呈现单峰，并且稳态概率密度分布变得更广，这说明响应有一个更大的存在范围。表 6-3 比较了不同 q 值下两种方法计算稳态概率密度函数所用时间，可以明显发现，新方法时间优势很大，比 MC 模拟节省约十分之九的时间。两组不同 q 值参数也说明该新方法的适用性。

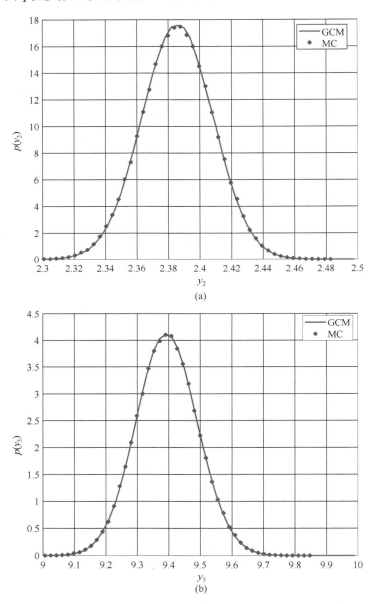

(a)

(b)

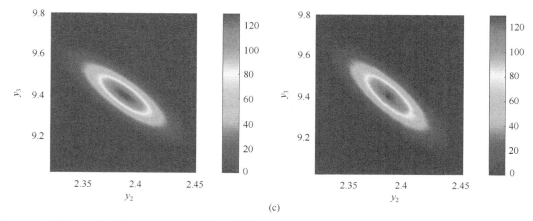

(c)

图 6-20   当 $q=2$ 时，系统在接触面上关于速度和压强的稳态边缘概率密度函数和稳态联合概率密度函数

(a) 接触面上的速度稳态边缘概率密度函数；(b) 接触面上的压强稳态边缘概率密度函数；(c) 接触面上的稳态联合概率密度函数，左图为 GCM 结果，右图为 MC 结果

表 6-3 $q=2$ 和 $q=1.38$ 时两种方法计算稳态概率密度函数所用时间对比

q 值	2	1.38
GCM 方法	685.92s	691.86s
MC 模拟	8394.74s	8396.06s

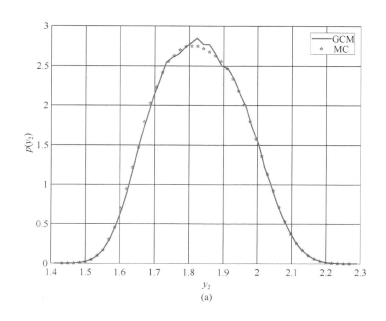

(a)

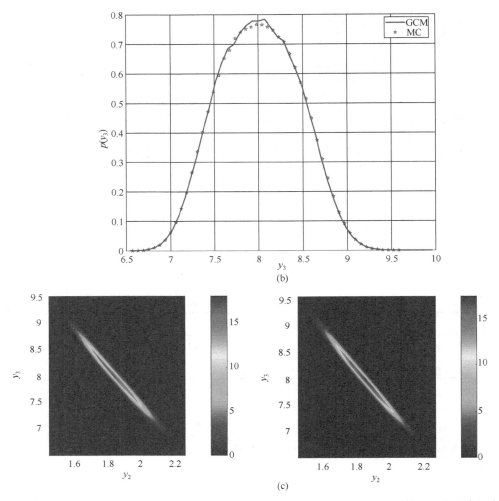

图 6-21 当 $q = 1.38$ 时，系统在接触面上关于速度和压强的稳态边缘概率密度函数和稳态联合概率密度函数

(a) 接触面上的速度稳态边缘概率密度函数；(b) 接触面上的压强稳态边缘概率密度函数；(c) 接触面上的稳态联合概率密度函数，左图为 GCM 结果，右图为 MC 结果

6.3.3　三维系统的随机 P 分岔

由本专题对确定系统的分析可知，参数 q 的变化会影响该系统的性态发生定性变化。然而对于随机系统，这会引起平稳概率密度函数的定性变化，即随机分岔现象。本小节主要针对液压安全阀系统研究参数 q 改变时，$n \to \infty$ 次碰撞后的随机 P 分岔现象。

6.3.3.1　算例一

对于系统(6-13)、系统(6-14)，在分岔参数 q 从 1.38 减小到 1.35 的过程中，可以明显地发现系统的稳态边缘概率密度函数由单峰变成双峰。同时，稳态联合概率密度函数不同于常见的火山口形状，从俯视图的角度可以发现其高亮位置代表稳态联合概率密度函数的最大值，也出现了由单峰变成双峰的特点。图 6-22 和图 6-23 展示了随机 P 分岔的具体过程。如图 6-22 所示，$q=1.38$ 时，系统的概率密度函数呈现一个单峰状态；随着 q 的减小，$q=1.36$ 时，系统的概率密度函数开始变化为双峰；$q=1.35$ 时，可以明显地看到系统的概率密度函数变为双峰。对于稳态联合概率密度函数，如图 6-23 所示，可以从俯视图中发现开始时只有一片高亮部分，代表其概率密度值较大，而随着 q 减小，随机 P

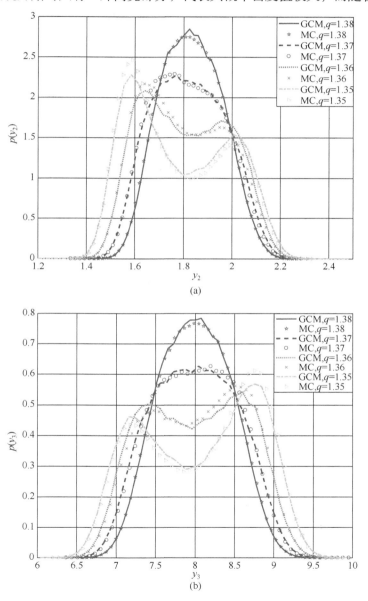

图 6-22　系统的稳态边缘概率密度函数发生随机 P 分岔

(a) y_2 发生的随机 P 分岔；(b) y_3 发生的随机 P 分岔

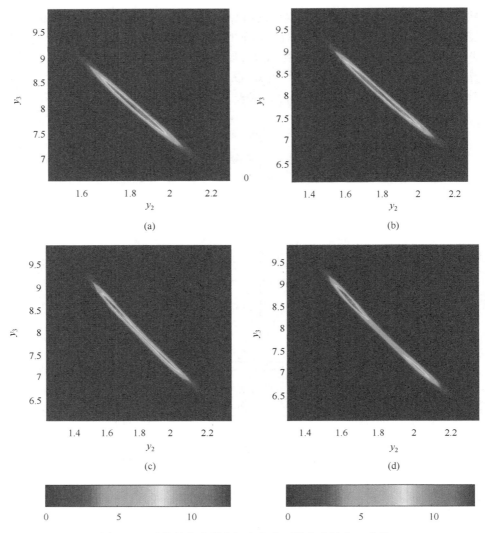

图 6-23　系统的稳态联合概率密度函数发生随机 P 分岔

(a) q=1.38；(b) q=1.37；(c) q=1.36；(d) q=1.35

分岔出现，俯视图中出现两片高亮部分，说明系统由单峰变为了双峰。稳态联合概率密度函数的变化反映了该系统复杂而独特的动力学行为。表 6-4 给出了两种方法不同 q 值时的计算时间。

表 6-4　不同 q 值下两种方法计算时间比较

q 值	1.35	1.36	1.37	1.38
GCM 方法	709.98s	707.21s	703.59s	691.86s
MC 模拟	8579.74s	8547.50s	8390.43s	8396.06s

6.3.3.2 算例二

接下来，改变系统噪声激励位置，此时系统改写为

$$\begin{cases} \dot{y}_1 = y_2 \\ \dot{y}_2 = -\kappa y_2 - (y_1 + \delta) + y_3 + \xi(t), \quad y_1 > 0 \\ \dot{y}_3 = \beta(q - y_1 \sqrt{y_3}) \end{cases} \tag{6-15}$$

$$\begin{cases} y_2^+ = -r y_2^- \\ y_3^+ = y_3^- \end{cases}, \quad y_1 = 0 \tag{6-16}$$

在其他系统参数不变的情况下，依旧按照提出的 GCM 方法的单边碰撞振动系统响应求解新方法，结合 MC 模拟的比较结果，可以得到 q 为 0.3、0.5、1 时系统的稳态边缘概率密度函数如图 6-24 所示。从图中可知，当 $q = 0.3$ 时，系统的稳态边缘概率密度是一个单峰状态；随着流速 q 的不断增大，稳态边缘概率密度分布开始扩散，不再是单峰状态；当 $q=1$ 时，明显由单峰状态变为双峰状态，说明系统发生了随机 P 分岔。在图 6-25 中，当 q 继续增大，从 1 变到 1.5 时，双峰的稳态边缘概率密度函数又演变为单峰结构。这意味着随机 P 分岔第二次发生，也充分说明了该系统的复杂性。图 6-26 为对应的稳态联合概率密度函数，也可以清晰地表现随机 P 分岔的变化。随着 q 的变化，稳态联合概率密度函数由两片高亮区域变为一片高亮区域，再由一片高亮区域变为两片高亮区域，说明发生了两次随机 P 分岔现象。表 6-5 给出了不同 q 值发生随机 P 分岔时两种方法的计算时间对比，同样可以看出新方法节省了很多计算时间，对液压安全阀系统的分析起到了一定作用。

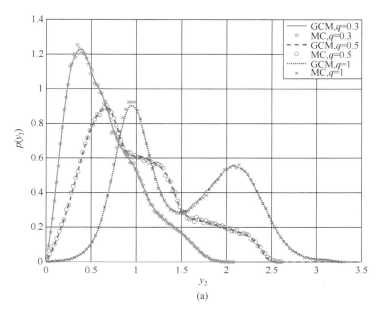

(a)

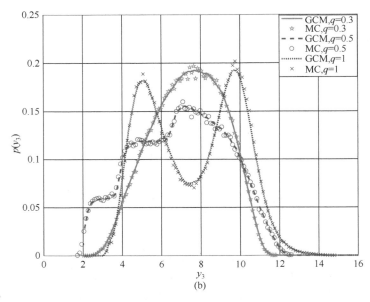

(b)

图 6-24 q 为 0.3、0.5、1 时系统的稳态边缘概率密度函数

(a) 系统发生第一次随机 P 分岔时 y_2 的稳态边缘概率密度函数；(b) 系统发生第一次随机 P 分岔时 y_3 的稳态边缘概率密度函数

表 6-5 不同 q 值发生随机 P 分岔时两种方法的计算时间比较

q 值	0.3	0.5	1	1.2	1.4	1.5
GCM 方法	433.77s	453.52s	621.04s	705.48s	771.54s	788.56s
MC 模拟	1610.69s	2074.18s	6098.15s	6517.73s	6903.10s	7009.67s

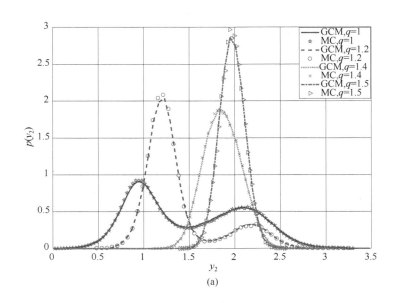

(a)

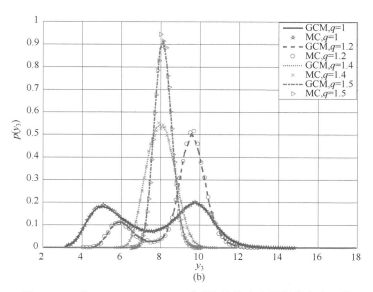

图 6-25　q 为 1、1.2、1.4、1.5 时系统的稳态边缘概率密度函数

(a) 系统发生第二次随机 P 分岔时 y_2 的稳态边缘概率密度函数；(b) 系统发生第二次随机 P 分岔时 y_3 的稳态边缘概率密度函数

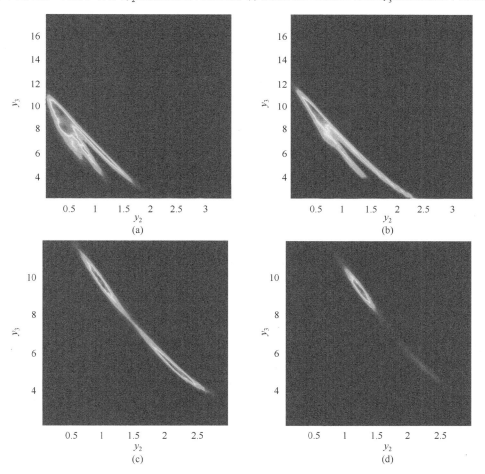

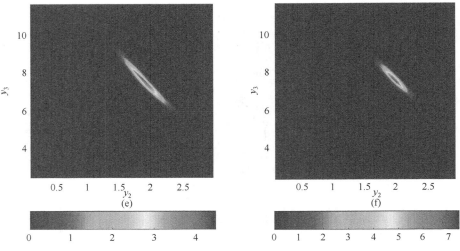

图 6-26   对应参数 q 变化时发生随机 P 分岔的稳态联合概率密度函数
(a) $q = 0.3$；(b) $q = 0.5$；(c) $q = 1$；(d) $q = 1.2$；(e) $q = 1.4$；(f) $q = 1.5$

本节针对一个三维碰撞振动系统的压力安全阀模型。首先，通过对无噪声激励系统的分析，发现了当改变压强参数时，此系统会发生复杂的动力学行为。其次，利用本书提出的基于 GCM 的单边碰撞振动系统响应求解新方法，对该三维碰撞振动系统，研究了其概率密度函数的演变。依旧保留了系统的非光滑特性，没有对系统做任何变换，从接触面的角度得到了基于 C-K 方程的一步转移概率矩阵。通过与 MC 模拟的比较，证明了此方法对于高维系统同样具有适用性，可以为更高维系统的研究提供研究思路。再次，通过两种方法计算时间的对比，可以看出该新方法的高效性。最后，通过对流速参数的改变，研究了系统出现的随机 P 分岔现象，并进行了详尽分析。

综合以上研究表明，提出的新方法有着广泛的适用范围，可以用来研究高维系统在随机噪声激励下的随机响应和随机 P 分岔。虽然该新方法不同于传统的变换方法，但依旧可以详细反映系统的各类动力学特性。同时，与 MC 模拟的比较，也表现出该方法的优越性。

6.4   双边碰撞的能量采集模型随机动力学分析

近年来，随着压电材料技术的不断发展，利用其结构简单、易微小化和无电磁干扰的特点设计的各类振动能量采集器成为一种高效俘能技术，并广泛应用于大型设备、远程装置的能量采集利用和结构健康监测方面[57-66]。例如，文献[56]探讨了气弹性能量采集器的概念，建立了气弹性机翼颤振边界发电的数学建模和实验验证。Zhou 等[60]提出了具有磁场诱导三势阱宽带压电振动能量采集器的理论模型和实验研究，与双稳态非线性能量振荡器相比，该模型能在更宽的频率范围内产生更高的能量输出。文献[62]考虑了多稳态压电能量采集器在尾流驰振作用下的混沌阈值。通过解析得到系统的类同宿轨道和类异宿轨道，进而利用 Mel'nikov 方法获得混沌判据。文献[62]作者发现非线性参数可以用来有效地控制系统的动力学行为，当混沌响应发生时，归一化电压显著增加，研究结果为多稳态压电能量采集器在尾流驰振作用下的设计和优化提供了指导。文献[64]第一次将双稳态刚度和准零刚度结合起来，通过开发一种新型双稳态 X 结构系统作为波能转换器来加强波能转换。此外，动力输出系统特别设计了一种具有新型储能释放机构的新型机械运动整流器，将直线运动转化为旋转运动，大大提高了瞬时电压和发电量。

在航空航天工程中，通过研究流体流动和结构的相互作用，学者们发现了压电能量采集器存在分岔、内共振、极限环和混沌运动等现象[67-70]。特别是对于飞行器而言，其主要子系统包括发动机点火系统、座舱控制系统和电子系统，主要靠电能运行。这类操作所需要的能量主要靠涡轮机提供。然而，这种机械提取总会造成能量损失。与此同时，飞行器上更换电池，特别是远程位置的更换特别昂贵。利用压电能量采集装置解决这些问题显得尤为关键。该装置的目的是将周围环境振动损失的能量转化为可用的电能，用于电力设备的消耗，从而不依赖于有限电源的电子设备，能够在持续的电源上工作。除此以外，该装置还可以用于飞行器，特别是远程航天器的结构健康监测以及传感器正常运行的检测，减少对成本、电气、空气和功率的限制。因此，学者们利用压电能量贴片吸收来自外部环境和内部微振动产生的机械能，并将其转化为电能，应用于卫星等远程飞行器设计中[71-72]。图 6-27 是一个卫星上压电能量采集器贴片模型，这些压电能量采集器贴片能够在发挥其能量采集、结构健康监测作用的同时，完成传感和驱动等指定任务。

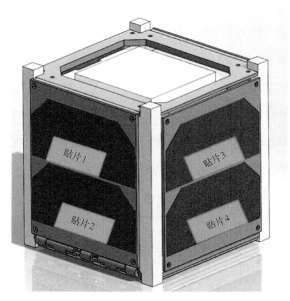

图 6-27　卫星上压电能量采集器贴片模型[72]

根据 Newton 方程和 Kirchhoff 方程，该压电能量采集装置可以利用如下无量纲化的微分方程表示

$$\begin{cases} \ddot{x} + 2\zeta\dot{x} - \alpha x + \beta x^3 + g(x,\dot{x}) - \gamma v = f(t) \\ \dot{v} + \lambda v + \theta\dot{x} = 0 \end{cases} \tag{6-17}$$

式中，v 为输出电压；$g(x,\dot{x})$ 为系统非线性项；$f(t)$ 为外部激励；ζ、α、β和γ分别为无量纲化后的弹性阻尼比、弹性系数、非线性刚度和压电片参数；λ正比于$1/RC_{\mathrm{p}}$，C_{p} 为压电片的电容，R 为负载电阻；θ为压电片机电系数。

结构中的微振动会导致碰撞的出现，本章将式(6-17)分别设计为在随机激励下的含弹性和刚性碰撞过程的能量采集器，结合本书提出的弹性碰撞和刚性碰撞振动系统概率密度响应分析新手段和新方法，研究不同参数对于系统状态变量位移 x、速度 y 和输出电压 v 的影响，进一步验证本书提出方法在实际应用中的有效性和适用性。

6.4.1 双边弹性碰撞模型稳态响应

将系统(6-1)考虑为约束挡板与基座之间利用碰撞弹簧结构连接时，系统成为一个双边弹性碰撞压电能量采集器模型[73]，如图 6-28 所示。

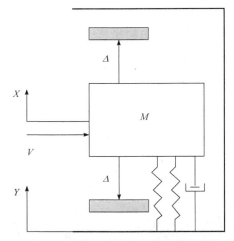

图 6-28 双边弹性碰撞压电能量采集器模型

在随机激励下，其无量纲化的动力学方程可以写为[74]

$$\begin{cases} \dot{x} = y \\ \dot{y} = \xi(t) - 2\zeta y + \alpha x - \beta x^3 + \gamma v + f_{\mathrm{e}}(x,y) + F\sin(\omega t) \\ \dot{v} = -\lambda v - \theta y \end{cases} \tag{6-18}$$

$$f_{\mathrm{e}}(x,y) = \begin{cases} k_1(x-\varDelta) + c_1\dot{x}, & x \geqslant \varDelta \\ 0, & |x| < \varDelta \\ k_1(x+\varDelta) + c_1\dot{x}, & x \leqslant -\varDelta \end{cases} \tag{6-19}$$

式中，$f_{\mathrm{e}}(x,y)$ 为双约束下的弹性碰撞过程；$\varDelta$ 为压电片与左右两侧约束挡板的接触距离。当压电片受随机振动作用，与无磁性的弹性约束挡板发生接触时，弹性碰撞过程发生。

对于该非自治系统，利用第 4 章提出的针对状态空间连续、雅可比矩阵不连续的非自治弹性碰撞系统改进 GCM 方法，将 t 视为一个状态变量 τ，因此，式(6-18)、式(6-19)分别改写为

$$
\begin{cases}
\dot{x}=y \\
\dot{y}=\xi(t)-2\zeta y+\alpha x-\beta x^3+\gamma v+f_{\mathrm{e}}(x,y)+F\sin(\omega\tau) \\
\dot{v}=-\lambda v-\theta y \\
\dot{\tau}=1
\end{cases}
\tag{6-20}
$$

$$
f_{\mathrm{e}}(x,y)=
\begin{cases}
k_1\left(x-\varDelta\right)+c_1\dot{x}, & x\geqslant\varDelta \\
0, & |x|<\varDelta \\
k_1\left(x+\varDelta\right)+c_1\dot{x}, & x<-\varDelta
\end{cases}
\tag{6-21}
$$

固定系统参数为 $\zeta=0.1$，$\alpha=0.5$，$\beta=0.8$，$\gamma=0.05$，$\omega=0.5$，接触面阻尼系数选择为 $c_1=0.04$，弹性系数为 $k_1=0.8$，研究系统在随机噪声扰动下，外激振幅 F 和碰撞接触距离 $\varDelta$ 对压电能量采集器响应的影响。

6.4.1.1　外激振幅F的影响

首先考虑外激振幅 F 在小范围变化时，系统概率密度函数的演化和对输出电压的影响。状态空间划分为 $\varOmega=\{-1.4\leqslant x\leqslant1.1,-1\leqslant y\leqslant1.4,-0.5\leqslant v\leqslant0.7,\tau\}$。选择 $\varDelta=0.3$，图 6-29 给出了 $F=0.1$、0.2、0.3 和 0.5 时系统位移 x、速度 y 和输出电压 v 的稳态边缘概率密度函数。对于位移 x，当 $F=0.1$ 时，稳态边缘概率密度呈现一个明显的双峰，并且左侧稳态边缘概率密度峰值较高，右侧较低，在图 6-29(a)中使用虚线表示；增大 F 至 0.2，此时双峰状态变为单峰状态，并且对应峰值的位置发生了偏移；继续增大 F 到 0.3，此时双峰明显，但不同于初始状态，左侧峰值较低，右侧峰值较高，说明随着 F 的变化，系统全局吸引子的位移发生变化，并且不同吸引子对于概率流的吸收程度有明显的变化；继续增大 F 至 0.5 时，随机 P 分岔现象再次出现，稳态边缘概率密度又一次呈现为一个单峰状态。以上结果充分说明，外激振幅 F 在小范围变化时，会对能量采集器振子位移稳定性产生明显影响，位移 x 会多次出现随机 P 分岔现象。对于速度 y，从图 6-29(b)可以看出，随着 F 从 0.1 至 0.3 变化时，稳态边缘概率密度始终呈现一个单峰状态，峰值并没有数目的变化，只是峰值位置出现小范围偏移，这说明 F 对于速度 y 的影响较为稳定；当 $F=0.5$ 时，系统出现双峰状态，出现随机 P 分岔现象。最后，对于输出电压 v，图 6-29(c)中呈现出当 $F=0.1$ 时，系统是一个单峰结构；持续增大 F，此时稳态边缘概率密度出现双峰，并且其中一个峰值与单峰状态对应的输出电压值较为接近；当 $F=0.5$ 时，右侧峰消失，稳态边缘概率密度集中于一个分支，出现第二次随机 P 分岔现象。因此，外激振幅 F 的变化导致输出电压有较为明显的变化。

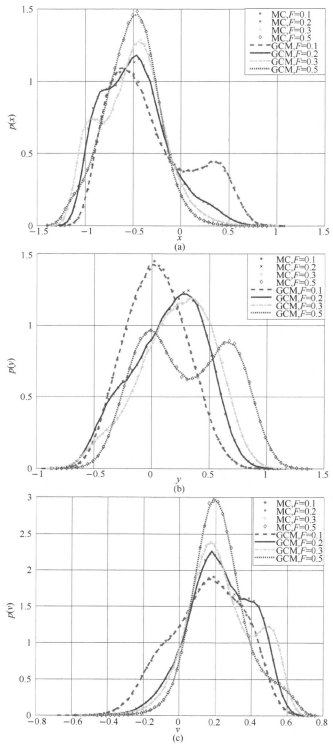

图 6-29　不同外激振幅时弹性碰撞能量采集系统的稳态边缘概率密度函数

(a) x 的稳态边缘概率密度函数；(b) y 的稳态边缘概率密度函数；(c) v 的稳态边缘概率密度函数

图 6-30 和图 6-31 分别给出了对应 $F = 0.1$、$F = 0.2$、$F = 0.3$ 和 $F = 0.5$ 时，系统 x-y 和 y-v 的稳态联合概率密度函数。在图 6-30(a)中，x-y 的稳态联合概率密度呈现左右两个峰区域，对应响应较大的位置。随着 F 的变化，右侧峰逐渐向概率密度更大的左侧峰靠拢并且消失，当 $F = 0.3$ 时只有一个峰区域；继续增大 F，深色区域开始向上分化，在 y 上形成双峰。对于 y-v 的稳态联合概率密度，在图 6-31 中，当 $F = 0.1$ 时，代表振子速度 y 和输出电压 v 的稳态联合概率密度较大的区域范围较大，随着 F 的不断增大，概率密度较大的区域逐渐集中；在不断增大 F 的过程中，其稳态联合概率密度分布不断发生变化；当 $F = 0.5$ 时，概率密度分布呈现出高低不同的两个峰值。结合边缘概率密度结果，综上所述，当 F 在小范围变化时，会引起整体系统稳定性发生较大变化。

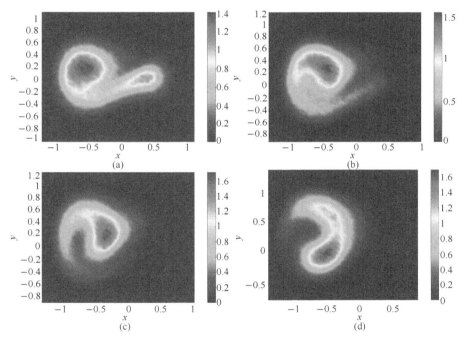

图 6-30 不同外激振幅时弹性碰撞能量采集系统位移 x 和速度 y 的稳态联合概率密度函数
(a) $F = 0.1$；(b) $F = 0.2$；(c) $F = 0.3$；(d) $F = 0.5$

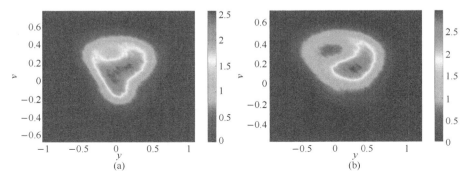

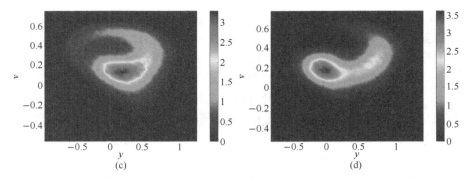

图 6-31　不同外激振幅时弹性碰撞能量采集系统速度 y 和输出电压 v 的稳态联合概率密度函数

(a) $F = 0.1$；(b) $F = 0.2$；(c) $F = 0.3$；(d) $F = 0.5$

6.4.1.2　接触距离的影响

为了分析接触距离 Δ 对弹性碰撞能量采集系统俘能效率的影响，选择外激振幅 $F = 0.2$，其他参数固定不变，在保证碰撞发生的情况下，分别选择 Δ 为 0.05、0.15 和 0.30。感兴趣区域选定为 $\Omega = \{-1.5 \leqslant x \leqslant 1.2, -1 \leqslant y \leqslant 1.2, -0.6 \leqslant v \leqslant 0.7, \tau\}$。利用改进的 GCM 方法，图 6-32 展示了速度 y 和输出电压 v 随 Δ 变化时稳态边缘概率密度函数的演化。可以看出，随着 Δ 逐渐增大，速度 y 的概率密度峰值逐渐下降，但峰值对应的速度值基本没有变化；对于输出电压 v，伴随着 Δ 的增大，其概率密度峰值同样逐渐下降，并且有出现双峰的趋势。图 6-33 为对应的 y-v 的稳态联合概率密度函数，同样反映了这一趋势。当 $\Delta = 0.05$ 时，概率密度分布较为集中；当 $\Delta = 0.15$ 时，概率密度开始扩散；特别是当 $\Delta = 0.30$ 时，这种扩散很明显，并且 v 有出现分岔的趋势。这说明在该组参数下，随着碰撞间隙的增大，系统稳定性出现一定变化，过于大的碰撞间隙不利于能量的采集。

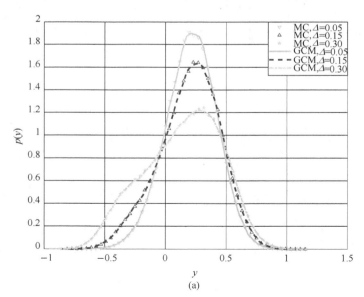

(a)

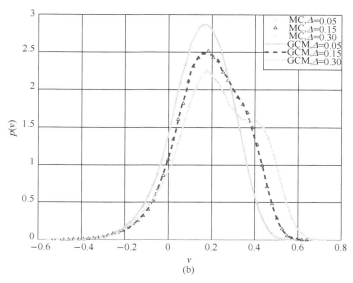

图 6-32　不同接触距离时弹性碰撞能量采集系统的稳态边缘概率密度函数

(a) 速度 y 的稳态边缘概率密度响应；(b) 输出电压 v 的稳态边缘概率密度响应

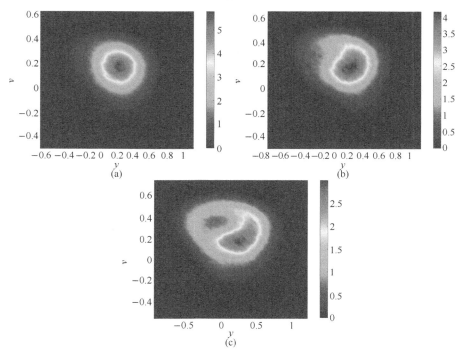

图 6-33　不同接触距离时弹性碰撞能量采集系统速度 y 和输出电压 v 的稳态联合概率密度函数

(a) $\Delta=0.05$；(b) $\Delta=0.15$；(c) $\Delta=0.30$

6.4.2　双边刚性碰撞模型稳态响应

考虑模型在刚性碰撞时的稳态概率密度响应，此时上下两侧约束为刚性挡板，则无

量纲化动力学微分方程为

$$\begin{cases} \dot{x} = y \\ \dot{y} = \xi(t) - 2\zeta y + \alpha x - \beta x^3 + \gamma v + f_0, & |x| < \Delta \\ \dot{v} = -\lambda v - \theta y \end{cases} \tag{6-22}$$

$$y_+ = -r y_-, \qquad |x| = \Delta \tag{6-23}$$

其中，部分系统参数固定为 $\zeta = 0.05$，$\alpha = 0.5$，$\beta = 0.8$，$\gamma = 0.05$，$\lambda = 1$，$\theta = -1$，f_0 为常数激励。对于系统(6-22)和系统(6-23)，因为刚性碰撞的存在，所以无法直接使用 GCM 数值方法分析其在随机激励下的系统响应。因此，本小节将利用前文提出的双约束面碰撞新思路来分析该三维能量采集系统的稳态概率密度响应。以图 6-28 中模型向上运动方向为正方向，下方接触面为 Δ_1，上方接触面为 Δ_2。选取随机样本从一侧接触面 Δ_1 出发，向上运动与另一侧接触面 Δ_2 碰撞后，磁力振荡器继续向下移动，与原先接触面 Δ_1 碰撞作为一个完整一步转移过程。因此，计算响应的离散状态空间建立在下方接触面 Δ_1 上，如图 6-34 所示。

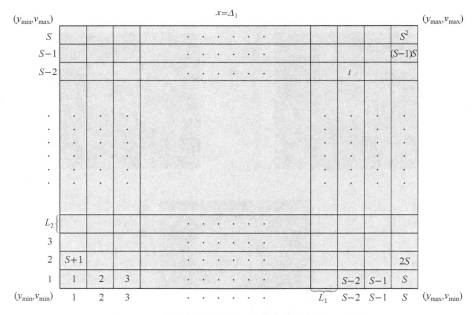

图 6-34　在下方接触面 Δ_1 上建立的离散状态空间

令 $p(y,v,t)$ 是系统在 t 时的概率密度函数，并且 $p(y,v,t \mid y_0,v_0,t_0)$ 是系统在初始条件 (y_0,v_0,t_0) 下的条件概率密度函数。如果 $t_0 = (m-1)\Delta t$，并且有 $t = m\Delta t$，那么，

$$p(y,v,m\Delta t) = \int_{\Omega} p(y,v,t \mid y_0,v_0,0) \cdot p(y_0,v_0,(m-1)\Delta t) \mathrm{d}(y_0,v_0,t_0) \tag{6-24}$$

写成矩阵形式有

$$\boldsymbol{p}(m) = \boldsymbol{P} \cdot \boldsymbol{p}(m-1) = \boldsymbol{P}^2 \cdot \boldsymbol{p}(m-2) = \cdots = \boldsymbol{P}^n \cdot \boldsymbol{p}(0) \tag{6-25}$$

下面研究接触距离 Δ、恢复系数 r 和弹性系数 α 对系统在接触面上稳态响应的影响。

6.4.2.1　接触距离的影响

本部分给出了压电振动能量采集装置在平衡位置两侧对称设置接触面的情况下，利用改进的 GCM 方法得到的稳态概率密度响应的数值分析结果。图 6-35 和图 6-36 分别展示了起始位置为下方接触面 Δ_1 和上方接触面 Δ_2 得到的响应结果。图 6-35(a)中左侧结果、图 6-35(b)中右侧结果为样本从上方接触面 Δ_2 出发，在与下方接触面 Δ_1 碰撞后，返回到 Δ_2 发生第二次碰撞后得到的稳态边缘概率密度函数。图 6-35 中两种方式的稳态边缘

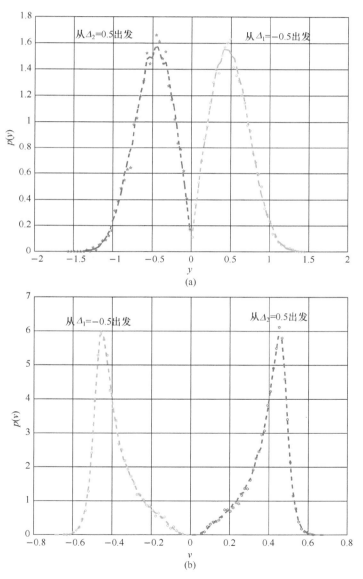

图 6-35　分别在 Δ_1 和 Δ_2 上得到的速度 y 和输出电压 v 的稳态边缘概率密度函数

(a) 速度 y 的稳态边缘概率密度函数；(b) 输出电压 v 的稳态边缘概率密度函数

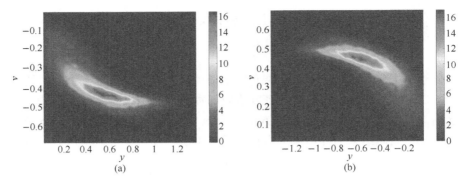

图 6-36　分别在 Δ_1 和 Δ_2 上得到的速度 y 和输出电压 v 的稳态联合概率密度函数

(a) 在接触面 Δ_1；(b) 在接触面 Δ_2

概率密度函数似乎关于中轴线对称，并且 MC 模拟验证了 GCM 得到结果的准确性。因此，本小节都将以下方接触面 Δ_1 作为状态空间离散区域来说明响应分析的一般情形。

图 6-37 给出了在随机激励下不同接触距离的时间历程图，可以看出，在随机激励作用下，轨迹会到达接触面 Δ_1 和 Δ_2，从而说明了选取的接触距离可以保证双边碰撞过程一定会发生。图 6-38(a) 和 (b) 分别是 y 和 v 在下方接触面的稳态边缘概率密度函数。接触距离分别为 0.2、0.3 和 0.5，其他参数固定为 $\alpha = -0.5$ 和 $r = 0.8$。在图 6-38(a) 中，速度 y 的分布较为稳定，随着接触距离的不断增大，概率密度峰值逐渐下降，速度分布范围不断增大。对于输出电压 v 的概率密度分布，在图 6-38(b) 中，随着接触距离的不断增大，其峰值逐渐下降，并且峰值位置发生明显偏移，输出电压分布范围也逐渐增大。这说明对于刚性碰撞模型，在保证碰撞过程的前提下，适当增大压片板接触距离可以获得更大的输出电压。图 6-39 是图 6-38 对应的 y 和 v 的稳态联合概率密度函数图，可以看出，其变化趋势与上述分析一致，随着接触距离的增大，代表概率密度较大的中间区域数值逐渐下降，但整体拓扑形状并没有明显变化。因此，改变刚性接触面与磁性块之间的距离，某种程度上会增加输出电压的转化，但并不影响能量采集器系统整体的稳定性。

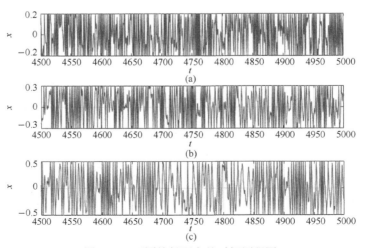

图 6-37　不同接触距离的时间历程图

(a) Δ=0.2；(b) Δ=0.3；(c) Δ=0.5

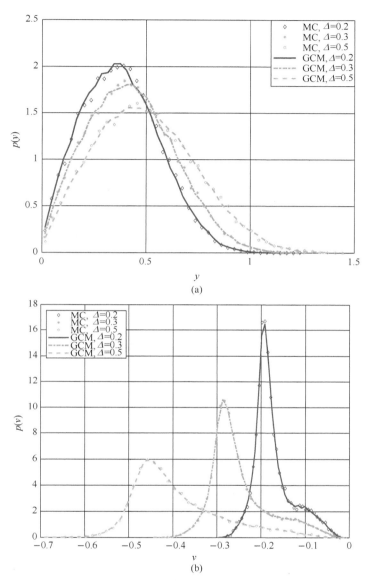

图 6-38　不同接触距离时刚性碰撞能量采集系统在下方接触面 Δ_1 上的稳态边缘概率密度函数

(a) 速度 y 的稳态边缘概率密度函数；(b) 输出电压 v 的稳态边缘概率密度函数

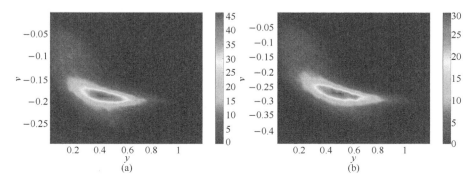

图 6-39 不同接触距离时刚性碰撞能量采集系统在下方接触面Δ_1上速度 y 和输出电压 v 的稳态联合概率密度函数

(a) $\Delta=0.2$；(b) $\Delta=0.3$；(c) $\Delta=0.5$

6.4.2.2 恢复系数的影响

为了研究恢复系数 r 对系统的影响，在下方接触面 Δ_1 上考虑 $r=0.95$、0.80 和 0.65 时，系统 y 和 v 的稳态响应，选择接触距离 $\Delta=0.5$。图 6-40 为不同恢复系数 r 的时间历程图。利用本书提出的针对双边刚性碰撞系统 GCM 新方法，图 6-41 展示了在不同恢复系数 r 时，速度 y 和输出电压 v 在接触面 Δ_1 上的稳态边缘概率密度函数。从图中可以看出，随着 r 的不断减小，速度 y 的概率密度分布逐渐减小，而概率密度峰值不断增高。对于输出电压 v，随着 r 的减小，峰值逐渐下降，而概率密度分布并没有明显的变化。这说明随着 r 的减小，系统在碰撞后的动能损失逐渐增大，从而速度在碰撞后有明显的下降趋势，同时磁铁所转换的电压速率也下降，从而降低了器件的转换效率。图 6-42 则是图 6-41 对应的 y 和 v 的稳态联合概率密度变化过程。随着 r 的逐渐减小，稳态联合概率密度拓扑结构没有明显变化，但速度 y 能达到的稳态联合概率密度最大可能性响应发生变化。

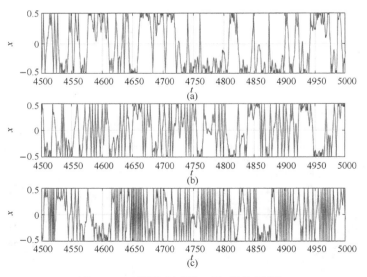

图 6-40 不同恢复系数 r 的时间历程图

(a) $r=0.65$；(b) $r=0.80$；(c) $r=0.95$

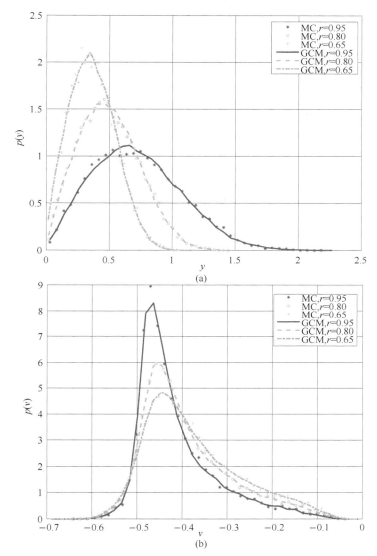

图 6-41　不同恢复系数 r 时刚性碰撞能量采集系统在下方接触面 Δ_1 上的稳态边缘概率密度函数
(a) 速度 y 的稳态边缘概率密度函数；(b) 输出电压 v 的稳态边缘概率密度函数

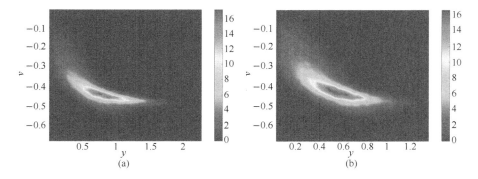

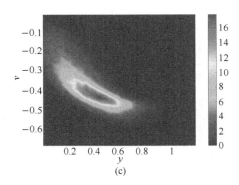

(c)

图 6-42 不同恢复系数 r 时刚性碰撞能量采集系统在下方接触面 Δ_1 上速度 y 和输出电压 v 的稳态联合概率密度函数

(a) $r = 0.95$；(b) $r = 0.80$；(c) $r = 0.65$

6.4.2.3 弹性系数的影响

考虑不同弹性系数 α 在对称放置的刚性压片板距离为 $\Delta = 0.5$ 时，系统的稳态响应演变。固定恢复系数 $r = 0.8$，图 6-43 展示了系统在 $\alpha = -0.2$、0.5 和 1.0 时的时间历程图。从图中观察可知，$\alpha = -0.2$ 时，振子与两侧接触面发生碰撞次数较多并且密集，但在相同噪声激励下，当 $\alpha > 0$ 时，稳定状态下与两侧接触面的碰撞次数较为稀疏。接下来，利用前文提出的双边碰撞响应求解新方法，选定区域为 $\Omega = \{0 \leqslant y \leqslant 2.3, -0.7 \leqslant v \leqslant 0\}$，图 6-44 给出了 α 变化时，系统速度 y 和输出电压 v 在下方接触面 $\Delta_1 = 0.5$ 上的稳态边缘概率密度函数变化。在图 6-44(a) 中，随着 α 的增大，速度 y 的峰值形状保持稳定，当 $\alpha > 0$ 时，系统峰值开始下降，峰值对应的 y 的位置有一定偏移，继续增大 α，y 的峰值有了明显的偏移，峰值有所回升。图 6-44(b) 中，当 $\alpha < 0$ 时，输出电压 v 呈现一个单峰状态，并

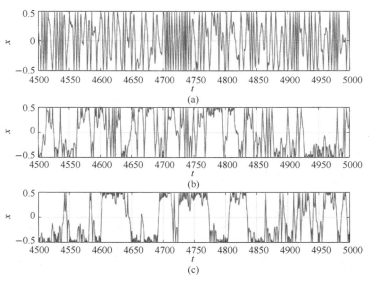

图 6-43 不同弹性系数 α 的时间历程图

(a) $\alpha = -0.2$；(b) $\alpha = 0.5$；(c) $\alpha = 1.0$

且随着 α 的增大，概率密度峰值开始下降；当 $\alpha > 0$ 时，有另一个峰值出现，此时系统呈现双稳态，而且随着 α 的继续增大，原先的峰值继续下降，另一个峰的峰值不断增高，有一个明显的概率流过程。因此，较大的 α 值并不利于输出电压的转化。图 6-45 对应的稳态联合概率密度演化更加直观地说明了这一现象。可以看出，随着 α 由负到正不断增大，系统由单峰到双峰演化，并且对应最大可能性响应区域也由一个峰向另一个峰演化。这说明系统随着 α 的变化，稳态联合概率密度响应的拓扑结构发生了本质的变化，系统出现了随机 P 分岔现象。

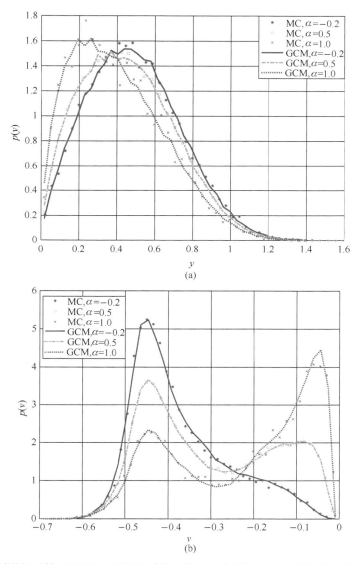

图 6-44　不同弹性系数 α 时刚性碰撞能量采集系统在下方接触面 Δ_1 上的稳态边缘概率密度函数
(a) 速度 y 的稳态边缘概率密度函数；(b) 输出电压 v 的稳态边缘概率密度函数

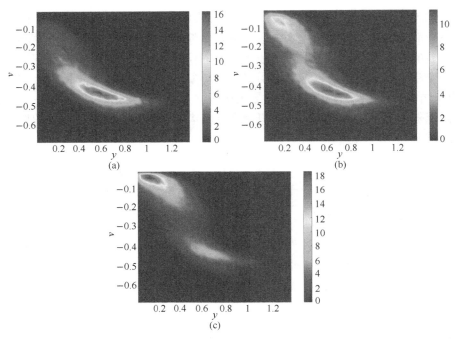

图 6-45　不同弹性系数 α 时刚性碰撞能量采集系统在下方接触面 Δ_1 上速度 y 和输出电压 v 的稳态联合
概率密度函数

(a) $\alpha = -0.2$; (b) $\alpha = 0.5$; (c) $\alpha = 1.0$

本节通过分析一个飞行器上结构健康监测系统中的双边碰撞压电转化装置在随机激励下的稳态概率密度响应，进一步地验证了本书提出的新思路和新方法。分别考虑了该系统在双边弹性碰撞和刚性碰撞的情形下，系统参数变化时稳态响应的演化过程。具体结论如下：

(1) 针对含间隙双边弹性碰撞模型，利用本书提出的非自治 GCM 策略，研究了外激振幅小范围变化时，系统位移、速度和输出电压的概率密度，发现了其中存在的随机 P 分岔现象。在固定系统某些参数的情况下，考虑了不同碰撞距离对输出电压的影响。

(2) 对于含间隙双边刚性碰撞模型，结合本书提出的 GCM 新方法，研究了该三维系统在一侧接触面上速度 y 和输出电压 v 的稳态边缘概率密度响应和稳态联合概率密度响应。对于不同的接触距离、恢复系数和弹性系数，新方法得到的稳态响应与 MC 模拟结果拟合一致，表明了新方法适用范围广和可行性强的优点。

6.5　本 章 小 结

综上所述，本章进一步验证了本书中提出的 GCM 新思路和新方法，对于计算更加复杂且有实际意义的非光滑随机动力系统具有可行性，特别是为计算一类高维度的非光滑模型提供了新的思路。

参 考 文 献

[1] LIU Q, XU Y, KURTHS J.Bistability and stochastic jumps in an airfoil system with viscoelastic material property and random fluctuations[J]. Communications in Nonlinear Science and Numerical Simulation, 2020, 84: 105184.

[2] SERDUKOVA L, KUSKE R, YURCHENKO D.Post-grazing dynamics of a vibro-impacting energy generator[J]. Journal of Sound and Vibration, 2020, 492: 115811.

[3] PANCHAL J, BENAROYA H.Review of control surface free-play[J]. Progress in Aerospace Sciences, 2021, 127: 100729.

[4] SUN D Y, ZHANG B Q, LIANG X F,et al.Dynamic analysis of a simplified flexible manipulator with interval joint clearances and random material properties[J]. Nonlinear Dynamics, 2019, 98: 1049-1063.

[5] LAMARQUE C H, SAVADKOOHI A T, CHARLEMAGNE S,et al.Nonlinear vibratory interactions between a linear and a non-smooth forced oscillator in the gravitational field[J]. Mechanical Systems and Signal Processing, 2017, 89: 131-148.

[6] YIN S, WEN G L, SHEN Y K,et al.Instability phenomena in impact damper system: From quasi-periodic motion to period-three motion[J]. Journal of Sound and Vibrations, 2017, 391: 170-179.

[7] FANG B, THEURICH T, KRACK M,et al.Vibration suppression and modal energy transfers in a linear beam with attached vibro-impact nonlinear energy sinks[J]. Communications in Nonlinear Science and Numerical Simulation, 2020, 91: 105415.

[8] RIGAUD E, PERRET-LIAUDET J.Experiments and numerical results on non-linear vibrations of an impacting Hertzian contact. Part 1: Harmonic excitation[J]. Journal of Sound and Vibration, 2003, 265(2): 289-307.

[9] IBRAHIM R A.Vibro-Impact Dynamics Modeling, Mapping and Applications[M]. Berlin: Springer, 2009.

[10] XU W, WANG L, FENG J Q,et al.Some new advance on the research of stochastic non-smooth systems[J]. Chinese Physics B, 2018, 27(11): 110503.

[11] HASNIJEH S G, NAESS A, POURSINA M,et al.Stochastic dynamical response of a gear pair under filtered noise excitation[J]. International Journal of Non-linear Mechanics, 2021, 13: 103689.

[12] KOVALEVA A.The Mel'nikov criterion of instability for a fractionally damped rigid block with noise-induced response enhancement[J]. Probabilistic Engineering Mechanics, 2022, 68: 103216.

[13] BERNARDO M, BUDD C J, CHAMPNEYS A R,et al.Piecewise-smooth Dynamical Systems Theory and Applications[M]. Berlin: Springer, 2008.

[14] MASRI S F, CAFFREY J P.Response of a multi-degree-of-freedom system with a pounding vibration neutralizer to harmonic and random excitation[J]. Journal of Sound and Vibration, 2020, 481(1): 115427.

[15] QIAN J M, CHEN L C.Random vibration of SDOF vibro-impact oscillators with restitution factor related to velocity under wide-band noise excitations[J]. Mechanical Systems and Signal Processing, 2021, 147: 107082.

[16] QIAN J M, CHEN L C.Random vibration analysis of nonlinear structure with pounding tuned mass damper[J]. Probabilistic Engineering Mechanics, 2022, 70: 103365.

[17] QIAN J M, CHEN L C, SUN J Q.Transient response prediction of randomly excited vibro-impact systems via RBF neural networks[J]. Journal of Sound and Vibrations, 2023, 546: 117456.

[18] QIAN J M, CHEN L C.Stochastic P-bifurcation analysis of a novel type of unilateral vibro-impact vibration system[J]. Chaos Solitons & Fractals, 2021, 149: 111112.

[19] KUMAR P, NARAYANAN S, GUPTA S.Dynamics of stochastic vibro-impact oscillator with compliant

contact force models[J]. International Journal of Non-linear Mechanics, 2022, 144: 104086.

[20] SENGHA G G, KENFACK W F, SIEWE M S,et al.Dynamics of a non-smooth type hybrid energy harvester with nonlinear magnetic coupling[J]. Communications in Nonlinear Science and Numerical Simulation, 2020, 90: 105364.

[21] YI M, WANG C J, YANG K L.Discontinuity-induced intermittent synchronization transitions in coupled non-smooth systems[J]. Chaos, 2020, 30: 033113.

[22] GU X D, DENG Z C.Dynamical analysis of vibro-impact capsule system with Hertzian contact model and random perturbation excitations[J]. Nonlinear Dynamics, 2018, 92(4): 1781-1789.

[23] VON KLUGE P N, KENMOE G D, KOFANE T C.Colliding solids interactions of earthquake-induced nonlinear structural pounding under stochastic excitation[J]. Soil Dynamics and Earthquake Engineering, 2020, 132(5): 106065.

[24] JIN X L, TIAN Y P, WANG Y,et al.Explicit expression of stationary response probability density for nonlinear stochastic systems[J]. Acta Mechanica, 2021, 232: 2101-2114.

[25] YANG Y G, SUN Y H, XU W.Stochastic bifurcation analysis of a friction-damped system with impact and fractional derivative damping[J]. Nonlinear Dynamics, 2021, 105: 3131-3138.

[26] YAMAPI R, AZIZ-ALAOUI M A.Vibration analysis and bifurcations in the self-sustained electromechanical system with multiple functions[J]. Communications in Nonlinear Science and Numerical Simulation, 2007, 12: 1534-1549.

[27] KANAI Y, YABUNO H.Creation-annihilation process of limit cycles in the Rayleigh-Duffing oscillator[J]. Nonlinear Dynamics, 2012, 70: 1007-1016.

[28] SIEWE M S, CAO H J, SANJUAN M A F.Effect of nonlinear dissipation on the basin boundaries of a driven two-well Rayleigh-Duffing oscillator[J]. Chaos Solitons & Fractals, 2009, 39: 1092-1099.

[29] CHEN H B, ZOU L.Global study of Rayleigh-Duffing oscillators[J]. Journal of Physics A-mathematical and Theoretical, 2016, 49(16): 165202.

[30] CHEN H B, HUANG D Q, JIAN Y P.The saddle case of Rayleigh-Duffing oscillators[J]. Nonlinear Dynamics, 2018, 93: 2283-2300.

[31] ZHANG Y L, LI C Q.Fractional modified Duffing-Rayleigh system and its synchronization[J]. Nonlinear Dynamics, 2017, 88: 3023-3041.

[32] WANG Z X, CHEN H B.The saddle case of a nonsmooth Rayleigh-Duffing oscillator[J]. International Journal of Non-linear Mechanics, 2021, 129: 103657.

[33] WANG Z X, CHEN H B, TANG Y L.The focus case of a nonsmooth Rayleigh-Duffing oscillator[J]. Nonlinear Dynamics, 2022, 107: 269-311.

[34] ZHOU L Q, CHEN F Q.Chaos of the Rayleigh-Duffing oscillator with a non-smooth periodic perturbation and harmonic excitation[J]. Mathematics and Computers in Simulation, 2022, 192: 1-18.

[35] XIE W X, XU W, CAI L.Path integration of the Duffing-Rayleigh oscillator subject to harmonic and stochastic excitations[J]. Applied Mathematics and Computation, 2005, 171(2): 870-884.

[36] XIE W X, XU W, CAI L.Study of the Duffing-Rayleigh oscillator subject to harmonic and stochastic excitations by path integration[J]. Applied Mathematics and Computation, 2006, 172: 1212-1224.

[37] 徐伟, 杨贵东, 岳晓乐.随机参激下 Duffing-Rayleigh 碰撞振动系统的 P 分岔分析[J]. 物理学报, 2016, 65(21): 210501.

[38] MA S C, WANG L, ZHANG J X,et al.P-bifurcation phenomena of the non-smooth modified Rayleigh-Duffing oscillator under the combined action of harmonic excitation and noise perturbation[J]. Physica Scripta, 2023, 98: 045211.

[39] HSU C S.Cell-to-Cell Mapping: A Method of Global Analysis for Nonlinear System[M]. New York:

Springer-Verlag, 1987.

[40] FENG J Q, XU W.Stochastic responses of vibro-impact Duffing oscillator excited by additive Gaussian noise[J]. Journal of Sound and Vibrations, 2008, 209:730-738.

[41] XIAO Y W, XU W, WANG L.Stochastic responses of Van del Pol vibro-impact system with fractional derivative damping excited by Gaussian white noise[J]. Chaos, 2016, 26: 033110.

[42] DIMENTBERG M F, IOURTCHENKO D V.Towards incorporating impact losses into random vibration analyses: A model problem[J]. Probabilistic Engineering Mechanics, 1999, 14:323-328.

[43] DIMENTBERG M F, GAIDAI O, NAESS A.Random vibrations with strongly inelastic impacts: Response PDF by the path integration method[J]. International Journal of Non-linear Mechanics, 2009, 44:51-57.

[44] PAOLA M D, BUCHER C.Ideal and physical barrier problems for non-linear systems driven by normal and Poissonian white noise via path integral method[J]. International Journal of Non-linear Mechanics, 2016, 81:274-282.

[45] ZHU H T.Stochastic response of vibro-impact Duffing oscillators under external and parametric Gaussian white noise[J]. Journal of Sound and Vibrations, 2014, 333(3):954-961.

[46] ZHU H T.Probabilistic solution of vibro-impact stochastic Duffing systems with a unilateral non-zero offset barrier[J]. Physica A: Statistical Mechanics and its Applications, 2014, 410:335-344.

[47] KASAI K.On the stability of a poppet valve with an elastic support: 1st report, considering the effect of the inlet piping system[J]. Bulletin of JSME, 1968, 11(48): 1068-1083.

[48] KASAI K.On the stability of a poppet valve with an elastic support: 2nd report, considering the effect of both the inlet and the outlet piping system[J]. Bulletin of JSME, 1969, 12(53): 1091-1098.

[49] D'NETTO W, WEAVER D S.Divergence and limit cycle oscillations in valves operating at small openings[J]. Journal of Fluids and Structures, 1987, 1(1): 3-18.

[50] WATTON J.The stability and response of a two-stage pressure rate controllable relief valve[J]. The Journal of Fluid Control, 1990, 20(3): 50-66.

[51] HAYASHI S, HAYASE T, KURAHASHI T.Chaos in a hydraulic control valve[J]. Journal of Fluids and Structures, 1997, 11(6): 693-716.

[52] CSABA B, CHAMPNEYS A R, CSABA H J.Bifurcation analysis of a simplified model of a pressure relief valve attached to a pipe[J]. SIAM Journal on Applied Dynamical Systems, 2014, 13(2): 704-721.

[53] EYRES R D, PIIROINEN P T, CHAMPNEYS A R,et al.Grazing bifurcations and chaos in the dynamics of a hydraulic damper with relief valves[J]. SIAM Journal on Applied Dynamical Systems, 2005, 4(4): 1076-1106.

[54] GABOR L, CHAMPNEYS A R, CSABA H.Nonlinear analysis of a single state pressure valve[J]. IAENG International Journal of Applied Mathematics, 2009, 39: 4-12.

[55] CSABA H, CHAMPNEYS A R.Grazing bifurcations and chatter in a pressure relief valve model[J]. Physica D: Nonlinear Phenomena, 2012, 241(22): 2068-2076.

[56] MA S C, WANG L, NING X,et al.Probabilistic responses of three-dimensional stochastic vibro-impact systems[J]. Chaos, Solitons and Fractals, 2019, 126: 308-314.

[57] COTTONE F, VOCCA H, GAMMAITONI L.Nonlinear energy harvesting[J]. Physical Review Letters, 2009, 102(8): 25-28.

[58] ERTURK A, VIEIRA W G R, DE MARQUI C J, et al.On the energy harvesting potential of piezoaeroelastic systems[J]. Applied Physics Letters, 2010, 96(18): 184103.

[59] ABDELKEFI A, NAYFEH A H, HAJJ M R.Modeling and analysis of piezoaeroelastic energy harvesters[J]. Nonlinear Dynamics, 2011, 67(2): 925-939.

[60] ZHOU S X, CAO J Y, INMAN D J,et al.Broadband tristable energy harvester: Modeling and experiment

verification[J]. Applied Energy, 2014, 106(9): 49-58.

[61] PANCIROLI R, PORFIRI M.Hydroelastic impact of piezoelectric structures[J]. International Journal of Impact Engineering, 2014, 66(4): 18-27.

[62] ZHOU S X, CAO J Y, INMAN D J,et al.Impact-induced high-energy orbits of nonlinear energy harvesters[J]. Applied Physics Letters, 2015, 106(9): 49-58.

[63] FRANZINI G R, BUNZEL L O.A numerical investigation on piezoelectric energy harvesting from vortex-induced vibrations with one and two degrees of freedom[J]. Journal of Fluids and Structures, 2018, 77: 196-212.

[64] LI H T, DING H, CHEN L Q.Chaos threshold of a multistable piezoelectric energy harvester subjected to wake-galloping[J]. International Journal of Bifurcation and Chaos, 2019, 29(12): 1950162.

[65] HUANG D M, ZHOU S X, LI W,et al.On the stochastic response regimes of a tristable viscoelastic isolation system under delayed feedback control[J]. Science China-Technological Sciences, 2020, 64(4): 858-868.

[66] LI M, JING X J.A bistable X-structured electromagnetic wave energy converter with a novel mechanical-motion-rectifier: Design, analysis, and experimental tests[J]. Energy Conversion and Management, 2021, 244: 114466.

[67] VANDEWATER L A, MOSS S D.Probability-of-existence of vibro-impact regimes in a nonlinear vibration energy harvester[J]. Smart Materials and Structures, 2013, 22(9): 094025.

[68] COHEN N, BUCHER I.On the dynamics and optimization of a non-smooth bistable oscillator: Application to energy harvesting[J]. Journal of Sound and Vibration, 2014, 333(19): 4653-4667.

[69] ABDELKEFI A.Aeroelastic energy harvesting: A review[J]. International Journal of Engineering Science, 2016, 100(3): 112-135.

[70] TSUSHIMA N, SU W.Flutter suppression for highly flexible wings using passive and active piezoelectric effects[J]. Aerospace Science and Technology, 2017, 65(6): 78-89.

[71] ELAHI H, BUTT Z, EUGNEI M,et al.Effects of variable resistance on smart structures of cubic reconnaissance satellites in various thermal and frequency shocking conditions[J]. Journal of Mechanical Science and Technology, 2017, 31(9): 4151-4157.

[72] ELAHI H, EUGNEI M, GAUDENZI P,et al.Piezoelectric thermo electromechanical energy harvester for reconnaissance satellite structure[J]. Microsystem Technologies, 2018, 25(2): 665-672.

[73] LAN C B, QIN W Y.Vibration energy harvesting from a piezoelectric bistable system with two symmetric stops[J]. Acta Physica Sinica-Chinese Edition, 2015, 64(21): 210501.

[74] MA S C, NING X, WANG L,et al.A novel method for solving response of stochastic vibro-impact systems with two stoppers[J]. Journal of Sound and Vibration, 2023, 558: 117778.